社会消防安全培训教材

农村消防安全

公安部消防局　编

中国科学技术出版社
·北 京·

图书在版编目（CIP）数据

农村消防安全/公安部消防局编．—北京：中国科学技术出版社，2011.4
社会消防安全培训教材
ISBN 978 – 7 – 5046 – 5845 – 6

Ⅰ．①农…　Ⅱ．①公…　Ⅲ．①农村—消防—技术培训—教材
Ⅳ．①TU 998.1

中国版本图书馆 CIP 数据核字（2011）第 053455 号

中国科学技术出版社出版

北京市海淀区中关村南大街 16 号　邮政编码：100081
电话：010 – 62173865　传真：010 – 62179148
http：//www. kjpbooks. com. cn
北京凯鑫彩色印刷有限公司印刷

*

开本：787 毫米 × 1092 毫米　1/16　印张：15.25　字数：277 千字
2011 年 4 月第 1 版　2011 年 8 月第 6 次印刷
ISBN 978 – 7 – 5046 – 5845 – 6/TU・85
印数：150001 – 180000 册　定价：22.00 元

责 任 编 辑　沈国峰
封 面 设 计　部落艺族设计工作室
责 任 印 制　王　沛

序

党中央、国务院历来高度重视农村消防工作，"十一五"期间，把"加强农村消防工作"写入中央1号文件，要求纳入社会主义新农村建设总体规划，加强农村消防安全基础建设，全面提高农村防控火灾水平。这些政策和措施的出台，极大地推动了农村消防工作发展，有力地促进了农村消防安全条件改善，很好地维护了农民群众生命财产安全和农村社会稳定。但由于我国农村地域广阔，可燃材料多，随着经济的发展，用火用电逐年增多，火灾隐患较为突出，加之农村消防安全基础薄弱，民众普遍缺乏消防安全常识，加强农村消防工作愈显重要。

"十二五"时期，是全面建设小康社会的关键时期。《国民经济和社会发展第十二个五年规划纲要》指出，必须坚持把解决好农业、农村、农民问题作为全党工作重中之重，推进农业现代化，加快社会主义新农村建设。加强农村消防工作，维护农民群众生命财产安全利益，是保障和改善民生的重要内容，是社会主义新农村建设的重要保障，也是贯彻以人为本的科学发展观、实现基本公共服务均等化的客观要求。

加强农村消防安全教材建设，广泛深入开展消防安全教育培训，增强农民群众消防安全意识，是提高农村消防安全工作水平的重要途径。长期以来，农村消防工作没有专门的培训教材，消防安全教育培训滞后，一些乡镇干部和农村消防安全管理者不掌握消防安全管理知识，居民缺乏预防火灾和自救逃生常识。针对这些情况，公安部消防局组织编写了《农村消防安全》培训教材，对农村消防安全管理、火灾预防、消防力量建设等作了详细介绍，是一部较为系统介绍农村消防安全知识的基础教材，也是一部广大乡镇干部和农村消防安全管理者应备的消防工具书。我们相信，这本教材的出版发行，对普及农村消防安全知识，提高农村消防安全管理水平，减少农村火灾危害，必将起到积极的推动作用。

由于我们情况掌握不够全面，教材可能还存在这样或那样的不足，希望大家提出宝贵意见，以便修改完善。

公安部消防局局长

二〇一一年三月十八日

前　言

　　切实加强农村消防工作，减少火灾危害，是维护社会稳定、构建和谐社会的重要内容，对于保障社会主义新农村建设、推动全国经济社会又好又快发展具有十分重要的意义。党中央、国务院十分重视农村消防工作，中央1号文件多次提出加强农村消防工作的要求。为进一步加强农村消防安全工作"带头人"和"明白人"培训，切实提高农村消防安全管理水平，增强农村抗御火灾的整体能力，公安部消防局组织编写了本教材。

　　本书简要分析了农村消防工作存在的主要问题和面临的形势，分六章对农村消防工作进行了系统阐述。第一章主要介绍了农村消防安全常识、消防法律法规和规范性文件等与农村消防工作有关的基础知识；第二章主要介绍了乡镇人民政府、村民委员会的农村消防安全管理职责、机构建设、制度建设及组织实施等方面的要求；第三章主要介绍了乡村消防规划的编制、审批及实施等方面的要求；第四章主要介绍了农村家庭，公共服务设施，宗教、祭祀、民俗，生产、加工场所，农作物生产、储存场所等重点场所的防火基本要求；第五章主要介绍了乡村专职消防队、志愿消防队的建设和管理，农村常见火灾扑救的有关要求；第六章主要介绍了开展农村消防宣传、培训的内容、形式，基本要求和注意事项。本书立足于农村消防安全工作的现实需要，内容全面，针对性和实用性强，是全国第一部系统、全面介绍农村消防安全知识的基础教材。

　　本书的编写工作得到了黑龙江、浙江、山东、河南、广东、四川、贵州省公安消防总队的大力支持，在此表示衷心的感谢！

　　因编写时间仓促，加之水平有限，不足之处诚请批评指正。

编　者

二〇一一年三月

目　录

绪　言

我国是一个农业大国，农村幅员辽阔、人口众多。截至 2009 年底，全国有 3.3 万余个乡镇、59.9 万个建制村，农村人口占全国人口总数的 53.4%。据统计，2001～2010 年，全国农村共发生火灾 75 万余起，造成 1.2 万余人死亡、1 万余人受伤、直接财产损失 60 余亿元，四项指数分别占总数的 37.5%、62.7%、53.1% 和 41.1%。火灾已经成为威胁农民人身安全、影响农村经济社会发展的主要灾害事故之一。

总结农村火灾事故的规律和特点，主要体现在以下几个方面：

一是火灾起数增长迅猛。近年来，全国农村生产经营活动日益频繁，各类致灾因素不断增多。据统计，20 世纪 90 年代，全国每年平均发生农村火灾 3.4 万起，2001～2010 年，每年平均发生农村火灾 7.5 万起，增长近 1.2 倍。

二是因灾致贫问题突出。农村火灾大多数发生在民居。火灾不仅使住宅受损，而且烧毁大量的基本生产、生活资料。2001～2010 年，农村共有 35 万户家庭受灾，受灾群众达 140 万人次以上，大量群众因火灾"致贫、返贫"。

三是人员伤亡比例较大。2001～2010 年，农村每年因火灾致 1200 余人死亡，每万起火灾死亡 162 人，而城市为 58 人，农村万起火灾死亡人数是城市的 2.8 倍。

四是人为致灾因素明显。据统计，农村每年因用火不慎、吸烟、小孩玩火等人为因素导致的各类火灾 3 万余起，占全国农村火灾总数的 44.2%。

综合分析全国农村消防安全现状，影响农村消防安全的问题主要有以下几个方面：

一是消防安全布局不合理。由于消防规划管理相对滞后，一些村寨建筑连片修建，一次受灾几十户甚至上百户的火灾时有发生；一些村庄与林区或草原之间没有足够的防火间距；一些生产、储存易燃易爆危险品的工厂、仓库、堆场紧邻村民聚居点，一旦发生火灾事故容易造成重大人员伤亡。

二是建筑耐火等级低。国家统计局 2008 年发布的第二次农业普查数据显示，我国一半以上的农村住宅为砖木、竹草土坯结构建筑，耐火等级多为三、四级，发生火灾蔓延迅速、容易垮塌。

三是安全用火用电条件差。全国 60% 以上农户的生活燃料主要为柴草，村庄和家中大量囤积柴草，火灾荷载大；农村供电线路特别是住宅的电气线路安全性差，多数未设保护装置，线路老化、超负荷用电等现象突出。据统计，每年农村因生活用火不慎和电气线路故障引发火灾事故 3.5 万起，占火灾总数的 46.7%。

四是公共消防设施建设滞后。目前全国有 40% 的乡镇未编制消防规划，80% 乡镇没有专业消防力量，多数村庄缺乏消防水源和必要的消防器材设施，农村抵御火灾事故的能力十分脆弱，小火容易蔓延成大火，导致重大财产损失和人员伤亡。

五是消防安全意识淡薄。2004 年，国家统计局对 3 万名城乡居民的消防安全素质情况进行了调查，有 80% 以上的人没有受过消防知识教育，46.3% 的人没有火场逃生知识，35.3% 的人没有扑救初起火灾的能力。农民受教育程度与城市相比普遍较低，接受消防宣传教育的途径和机会少，消防安全意识和消防安全常识更为缺乏。

六是消防安全管理体制不健全。农村消防工作缺乏统一的组织领导，消防基层组织不健全，消防安全管理制度不完善，消防工作责任制不明确、不落实，消防工作投入严重不足。农村基层干部大多未经过消防安全培训，消防知识相对匮乏，消防安全管理水平较低。

党中央、国务院对农村消防安全工作高度重视，中央 1 号文件多次提出"加强农村消防工作"的要求。《中华人民共和国消防法》等法律法规也对农村消防安全工作作出了明确规定。贯彻落实中央决定，依法加强和改进农村消防工作，减小农村火灾危害，是各级人民政府的重要工作职责。

第一章　消防安全基础知识

火灾是农村常见的灾害事故，每年都会造成大量的人员伤亡和财产损失。掌握有关农村消防安全的法律法规，了解必要的消防安全基础知识，是做好农村消防工作的前提。

第一节　消防安全常识

火灾的发生具有一定的偶然性和突发性，但其发生、发展有一定规律可循，大多数火灾是可以预防的，大部分人员伤亡和财产损失是可以避免的。本节重点介绍火灾预防和逃生自救常识。

一、燃烧基础知识

（一）燃烧的概念

燃烧是可燃物与氧化剂作用发生的放热反应，通常伴有火焰、发光和（或）发烟的现象。

（二）燃烧的条件

燃烧必须具备三个必要条件：可燃物、助燃物（氧化剂）和引火源。只有在三个条件同时具备、相互作用的情况下，可燃物才能发生燃烧（见图1-1-1）。

（三）燃烧的类型

1. 闪燃

在一定温度条件下，易燃、可燃液体表面会产生可燃蒸气，这些可燃蒸气与空气混合形成一定浓度的可燃性气体，当其浓度不足以维持持续燃烧时，遇火源会产生一闪即灭的现象，称为闪燃。由于一些固态可燃物因蒸发、升华或分解能产生可燃气体或蒸气，所以少量固体也会产生闪燃现象。

2. 着火

可燃物质一经被点燃，能够持续并不断扩大的燃烧现象，称为着火。着火是燃烧的开始，是日常生产、生活中最常见的燃烧现象。

3. 自燃

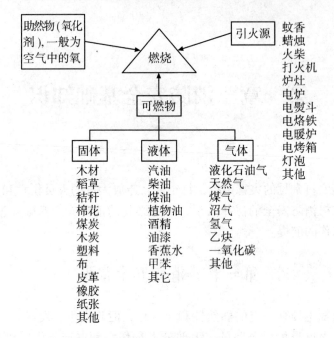

图 1-1-1　燃烧三角

可燃物质在没有外部火花、火焰等火源的作用下，因受热或自身发热并蓄热所产生的自然燃烧，称为自燃。引发自燃的常见原因有：

（1）接触高温物体受热自燃。如纸张、木材等可燃物质靠近烟囱、取暖设备、电热器具，或烘烤木材、烟草等可燃物时距热源太近，就有发生燃烧的危险。

（2）氧化生热自燃。油布、油纸、褐煤等物品，因其中含有的硫化物和不饱和脂肪酸甘油酯等，会与空气中的氧反应，产生大量热量，使其升温发生自燃。

（3）发酵生热自燃。稻草、籽棉、树叶、锯末、甘蔗渣、玉米芯等物品，如果含水量较高，再加上堆放不当、散热不良，可能因微生物发酵产生大量热量发生自燃。

4. 爆炸

爆炸是物质从一种状态迅速转变为另一种状态，并在瞬间释放能量，同时产生声响的现象。按爆炸的性质，通常分为物理爆炸、化学爆炸和核爆炸三类。

（1）物理爆炸。装在容器内的液体或气体，体积迅速膨胀，使容器压力急剧增加，由于超压力和（或）应力变化使容器发生爆炸，并且爆炸前后物质的化学成分均不改变的现象，称为物理爆炸。例如，蒸汽锅炉因水快速汽化，压力超过设备所能承受的强度而发生的爆炸；压缩气体或液化气钢瓶、油桶受热爆炸等。物理爆炸可能直接或间接地引发火灾。

（2）化学爆炸。因物质发生化学反应，产生大量气体和高温而发生的爆炸，称为化学爆炸。如可燃气体、蒸气或粉尘与空气形成的混合物遇火源而引起的爆炸，炸药的爆炸，煤矿瓦斯的爆炸等。

（3）核爆炸。由于原子核裂变或聚变反应，释放出核能所形成的爆炸，称为核爆炸。如原子弹、氢弹、中子弹的爆炸就属核爆炸。

（四）火灾

1. 火灾的定义

火灾是指在时间或空间上失去控制的燃烧所造成的灾害。

2. 火灾的分类

（1）按照物质的燃烧特性划分。按照国家标准《火灾分类》（GB/T4968 -2008）的规定，火灾划分为6类。

A类火灾：固体物质火灾。如木材、棉、毛、麻、纸张火灾等。

B类火灾：液体或可熔化的固体物质火灾。如汽油、煤油、柴油、酒精、沥青、石蜡火灾等。

C类火灾：气体火灾。如煤气、天然气、液化石油气、氢气火灾等。

D类火灾：金属火灾。如钾、钠、镁、钛、锂、铝镁合金火灾等。

E类火灾：带电火灾。物体带电燃烧的火灾。如电视、冰箱等家用电器火灾。

F类火灾：烹饪器具内的烹饪物火灾。如动植物油脂火灾等。

【阅读链接】　干粉灭火器广泛应用于初起火灾的扑救，干粉灭火器按照充装干粉类型的不同，分为：碳酸氢钠干粉灭火器（BC干粉灭火器）、磷酸铵盐干粉灭火器（ABC干粉灭火器）。碳酸氢钠干粉灭火器只适用于扑救液体、气体火灾，而磷酸铵盐干粉灭火器适用于扑救固体、液体、气体火灾。家庭、学校、办公楼、宾馆等可燃物以固体为主的场所配置干粉灭火器，一定要选择磷酸铵盐干粉灭火器。

（2）按照火灾的危害程度划分。公安部办公厅《关于调整火灾等级标准的通知》（公消［2007］234号）将火灾划分为特别重大、重大、较大、一般火灾四个等级（见表1-1-1）。如一起火灾死亡、重伤总人数超过重伤人数相应火灾等级标准的，需请示公安部确定火灾等级。

3. 火灾对人的危害

（1）火焰。燃烧产生的火焰温度很高，火焰直接与人体接触，会致人伤亡。

（2）热。燃烧所产生的大量热量，通过热对流和热辐射的形式传播，使火灾现场温度升高，人体长时间处于高温环境，吸入高温气体，会导致心跳加速、脱水，皮肤、呼吸道、肺部灼伤，造成伤亡。

表1-1-1　火灾等级划分标准

火灾等级	死亡人数 WR（人）	重伤人数 SR（人）	直接财产损失数 CS（万元）
特别重大火灾	WR≥30	SR≥100	CS≥10000
重大火灾	10≤WR<30	50≤SR<100	5000≤CS<10000
较大火灾	3≤WR<10	10≤SR<50	1000≤CS<5000
一般火灾	WR<3	SR<10	CS<1000

（3）烟气。火灾产生的烟气含有大量二氧化碳和一氧化碳、二氧化硫、硫化氢、氰化氢等有毒气体，人一旦吸入，就会窒息、中毒；如果吸入高温烟气，还会造成呼吸道、肺部灼伤，导致伤亡。同时，由于烟气中含有大量的含碳的颗粒物，会降低火场的能见度，妨碍逃生疏散。火灾烟气是造成人员死亡的主要原因。据统计，在火灾中死亡的人，80%以上是因烟气中毒或窒息致死。

二、常见火灾原因及防范对策

（一）生活用火不慎

在日常生活中因做饭、取暖、照明用火疏忽大意酿成火灾事故的现象十分突出。仅2010年，全国农村因生活用火不慎就引发火灾事故1.2万余起、死亡124人、受伤61人。农村生活用火不慎引发火灾的主要原因：一是炉具设置不合理或者在炉具和取暖用具周围堆放可燃物，炉火或高温引燃可燃物导致火灾；二是随意倾倒未熄灭的炉灰，引燃周围可燃物引发火灾；三是液化石油气、天然气、沼气发生泄漏遇明火引发火灾。

【案例】2007年11月2日晚11时50分许，广西壮族自治区三江侗族自治县周坪乡马坪村因村民酿酒用火不慎引发火灾事故，由于该村建筑以木质结构为主，且建筑密集，火灾迅速蔓延，共烧毁房屋513间，造成206户、939人受灾。

我国幅员辽阔、民族众多、地域经济发展差距大，各地使用燃料和用火习惯各不相同。农村使用的燃料主要有麦秸、稻草、柴草、沼气、煤、液化石油气等；炊事炉具和取暖用具有炉灶、火墙、火塘、火炕等。预防生活用火不慎引发的火灾事故，一是提高炉具和取暖用具的安全性。要提倡和引导农民将燃料利用率不高、火灾危险性大的火塘、老虎灶等改为节柴灶等新型灶具。灶具和取暖用具应尽量远离房屋可燃构件。确需靠近设置的，应当采取必要的隔热、防火措施。二是加强可燃物的管理，炉具和取暖器具附近不得堆放柴草等可燃物。三是液化石油气瓶与炉具要保持1米以上的间距，并定期对液化石油气、沼气、天然气管道和阀门等进行检查，发现泄漏或者达到使用年限的应当及时更换。不使用灶具时应当关闭气瓶或供气阀门。

（二）吸烟

烟头的表面温度为200～300℃，中心温度为700～800℃，没有熄灭的烟头一旦掉落在可燃物上，就可能导致火灾事故。

【案例】2008年5月12日19时30分，贵州省台江县方召乡基甲村大寨因村民将未熄灭的烟头扔在可燃物上引发火灾，烧毁房屋79栋，受灾85户386人。

预防吸烟引发火灾事故，一是禁止在具有火灾和爆炸危险的场所内吸烟。柴草、饲料等可燃物堆垛区，汽油、煤油、液化石油气等易燃易爆危险品存放地，沼气池等具有火灾或者爆炸危险的场所应当设置明显的禁烟禁火标志。对违反禁令吸烟的行为应当及时制止、教育并依法处理。二是要加强消防安全宣传，强化对乱扔烟头、卧床吸烟危害性的认识，杜绝不安全的吸烟行为。

（三）生产作业类火灾

1. 气焊、气割、电焊

气焊、气割是利用可燃气体（一般为乙炔、丙烷或液化石油气）与氧气混合燃烧的高温火焰对金属材料进行焊接、切割的一种方法。气焊、气割使用的氧气瓶、乙炔瓶、丙烷瓶、液化石油气瓶属于压力容器，本身具有火灾、爆炸危险性。加之在焊接、气割时大量熔渣飞溅，操作稍有不慎就可能引发火灾或者爆炸事故；电焊的种类很多，目前运用最广的是电弧电焊。电焊产生的电弧温度高达3000～6000℃，焊接时有大量的火花和高温金属熔珠飞溅，有很大的火灾危险性。

【案例】2010年11月15日14时15分，上海市静安区胶州路1栋28层的高层居民住宅楼在实施外墙节能改造过程中，由于施工人员无证、违章实施焊接，焊渣引燃可燃物导致火灾发生。火灾迅速向垂直方向及周边蔓延，在极短时间内形成大面积、立体式燃烧，火灾共造成58人死亡。

预防气焊、气割、电焊引发的火灾事故，一是按规定办理动火手续并落实现场监护人员；二是在实施气焊、气割、电焊之前，应当将作业点周围的可燃物清除，无法清除的应当浇水润湿或使用不燃板材遮挡防护；三是作业点应当置备灭火器材，有消火栓的地点应接上水带水枪，以备及时扑灭初起火灾；四是气焊、气割作业应保持通风良好，氧气瓶与乙炔、液化石油气、丙烷等气瓶应当分开放置，保持5米以上距离，防止因气体泄漏引发火灾或者爆炸事故；五是作业结束后应当采取浇水等措施对高温熔渣、焊渣进行降温处理，在确认无遗留火种后，监护、作业人员方可离开。

2. 烘烤

对木材、烟草等农林产品进行初加工时，往往要对原材料进行烘烤，降低水分含量，以利保存和提高品质。如果在烘烤过程中不严格控制烘烤温度，一旦原材料的温度高于自身燃点，就可能燃烧引发火灾。

【案例】2003 年 1 月 6 日，江西省东乡县城一皮鞋加工作坊在使用煤炉烘烤皮鞋半成品的过程中，因操作不当引发火灾，火灾共造成 1 人死亡、3 人重伤。

预防烘烤引发火灾事故，一是不能使用明火直接烘烤，避免可燃物与火焰的直接接触。应当设置专门的烘烤房、烘烤箱，通过火炕、烟道、火管、火墙等传热烘烤。二是烘烤房、烘烤箱应当设置可开启的窗户、洞口，以便及时调节烘烤温度，防止过热。三是被烘烤物不能与火炕、烟道、火管、火墙等直接接触，应当保持适当的安全距离；四是烘烤房、烘烤箱应当设置便于观察的温度计，并明确专人查看，一旦烘烤温度过高应当及时采取措施，降低烘烤温度。

（四）电气火灾

随着农民收入和生活水平的不断提高，家用电器开始在农村普及，各种用电生产设备数量逐渐增加，农村电气火灾呈现逐年上升的趋势。仅 2010 年，全国农村就发生电气火灾近 1.4 万起，死亡 163 人、伤 68 人、直接财产损失 2.7 亿元。

1. 短路

正常的供电线路，其相线（火线）与相线、相线与零线（地线）相互绝缘，必须通过用电设备相互连接。如因某种原因导致相线与相线之间、相线与零线之间直接相接或相碰，就会产生电流突然增大的现象，这种现象称为"短路"。短路电流会产生很大的热量，使供电线路中的金属导体熔化、喷溅，引燃附近的可燃物。

【案例】2009 年 5 月 21 日 7 时 26 分，广东省汕头市潮阳区谷饶镇一作坊发生火灾，造成 13 人死亡、3 人重伤。火灾原因系室内电线短路，喷溅的高温熔珠引燃可燃物成灾。

预防短路引发火灾事故，一是电气线路和设备必须由取得电工证、具备相应专业知识的人员安装。二是安装电气线路时，应当针对使用环境正确选择电气线路类型和布线方式。例如：在潮湿的场所应当采用绝缘线、瓷珠、瓷瓶明布线或者绝缘线穿钢管敷设；在有腐蚀性的场所应当采用塑料线、瓷珠、瓷瓶布线或者绝缘线穿塑料管明敷、暗敷。三是电气线路应当严格按照技术要求设置熔断器、空气开关等保护设施。禁止使用铁丝、铝丝、铜丝替代熔断器中的保险丝，不得随意增加保险丝的截面积。四是不应在架空线路下方设置粮食、柴草、木材等可燃堆场。五是加强对线路的检查和维护，乡镇政府和村民委员会应当定期组织供电所和电工检查室外供电线路和室内电气线路，发现隐患应当及时采取措施整改。

2. 过载

电气线路中允许连续通过而不至于使电线过热的电流量，称为电线的安全载流量或安全电流。如果电气线路中的电流量超过了安全电流值，称为过载。过载会使电气线路的温度升高，加速绝缘层老化，引起短路着火。

【案例】1999 年 8 月 20 日，四川省自贡市及时钟表有限公司解放路门市部发生火灾，火灾造成 13 人死亡、6 人受伤、直接财产损失 93.3 万元。火灾系因营业厅内的调压器长期过负荷运行，导致调压器线圈绝缘层老化，发生匝间短路，引燃周围可燃物蔓延成灾。

预防过载引发火灾事故，一是公共建筑、厂房、仓库的电气系统应当由具有相应资质的单位进行设计、施工，住宅的供电线路应当由持有电工证的人员进行设计、安装，确保导线的安全电流能够满足实际负荷的需要。二是公共建筑、厂房、仓库、家庭增加大功率电器时，应当请设计单位或专业电工进行评估，电线不能满足负荷需要的，应当更换。三是电气线路应当严格按照技术要求设置熔断器、空气开关等保护设施。禁止使用铁丝、铝丝、铜丝替代熔断器中的保险丝，不得随意增加保险丝的截面积。

3. 接触电阻过大

在电气线路连接处、电源线与电气设备连接处，由于连接不牢或者其他原因，使接头接触不良，造成局部电阻过大，称为接触电阻过大。接触电阻过大会产生极大的热量，可以使导线内的金属导体变色甚至熔化，并能引起绝缘材料燃烧，导致火灾事故。

【案例】1999 年 10 月 26 日，广东省增城市石滩镇马修村鸿成皮具加工厂发生火灾，造成 20 人死亡、9 人受伤。火灾是因墙上的插线板接触不良产生电弧，引燃下方堆放的可燃物所导致。

预防接触电阻过大引发火灾事故，必须特别注意导线的连接。要尽量减少不必要的接头，必要的接头必须紧密结合牢固可靠。铝导线不应使用绞接，必须采用焊接或者压接。铜、铝导线相连接应当采用铜铝接头，并用压接法连接。

4. 电热器具使用不当

电熨斗、电烙铁、电热毯、电取暖器、电水壶等电热器具在生活中的应用十分广泛，其发热元件具有很高的温度，如果使用不当，容易导致自身过热发生短路或引燃可燃物，引发火灾事故。

【案例】2000 年 3 月 30 日凌晨，河南省焦作市"天堂"影视厅发生火灾，由于影视厅唯一的出口被锁闭，74 名在观看录像的观众死于非命。火灾是因影视厅工作人员使用石英电热器在包房内取暖，人离开后未将石英电热器关闭，附近的易燃沙发长时间受到烘烤发生燃烧引发火灾。

预防电热器具使用不当引发火灾事故，一是使用时应当有专人看管，人离开时必须关闭电源；二是电炉、电取暖器等应当尽量远离可燃物，使用时不得用毛毯、被子、衣服等覆盖，长时间不使用的应当切断电源；三是应当经常维护检查，发现线路、开关损坏的，要及时修理。

5. 照明灯具使用不当

白炽灯、碘钨灯、高压汞灯等灯具表面温度高，能烤燃接触到的或附近的可燃物。另外，玻璃壳受热不均、水滴溅在灯泡上等原因，可能导致灯泡破裂，高温灯丝落在可燃物上，也能引燃可燃物；日光灯温度虽然不高，但镇流器可能因散热不良、故障等原因短路产生高温，引燃可燃物。

【案例】1999 年 6 月 12 日，广东省深圳市智茂电器制品厂仓库内安装在屋顶横梁上的日光灯脱落，处于通电开启状态的日光灯镇流器被纸箱等可燃物包围，因散热不良引燃可燃物引发火灾事故。火灾共造成 16 人死亡、18 人受伤，直接财产损失 230 余万元。

预防照明灯具引发火灾事故，一是要根据使用场所、环境，选择不同类型的灯具。如在卫生间、浴室等潮湿场所，应当采用相应防护等级的防水灯具。在高温场所应当采用散热性能好、耐高温的灯具。可燃物品库房、易燃易爆场所的照明灯具应当按照国家标准选用相应等级的防护、防爆型灯具。二是白炽灯、高压汞灯、碘钨灯与可燃物之间应当保持必要的安全间距，严禁用纸、布或者其他可燃物遮挡灯具。三是白炽灯、高压汞灯、碘钨灯灯泡的正下方不能堆放可燃物，防止灯泡爆裂后，高温灯丝引燃可燃物。四是超过 60 瓦的白炽灯、碘钨灯、荧光高压汞灯（包括镇流器）不应直接安装在可燃基座上。

（五）小孩玩火

小孩玩火是农村常见的火灾原因。

【案例】2010 年 2 月 23 日，广西壮族自治区宾阳县甘棠镇那冷村委田陈村 4 名儿童在一间堆放稻草的草屋内玩火引发火灾，4 名儿童全部被烧死。

预防小孩玩火引发火灾事故，一是要加强对儿童的消防安全教育。中小学、幼儿园可采用儿歌、童谣、游戏等儿童喜欢的形式，传授消防安全常识，教育小孩不要玩火。家长也要切实履行监护责任，时常告诫小孩不能玩火，及时制止和惩戒玩火行为。二是加强对引火源的管理。家长平时应当将火柴、打火机等引火物放在小孩不易拿到的地方，发现小孩持有引火物的应当及时收缴。三是妥善看管照料。家长外出时要托人看管照料小孩，不要让小孩单独留在家中，更不能把小孩锁在家中。

（六）自燃

稻草、籽棉、树叶、甘蔗渣、烤烟、玉米芯、芦苇等本身表面附有大量微生物，当长时间大量堆积并达一定湿度时，就会因微生物呼吸繁殖产生大量的热量，在积热不散的情况下，导致自燃。

【案例】2004年5月11日，安徽省阜阳市华源纺织有限公司露天堆放的原棉，由于长期堆放，一直未进行翻垛降温导致自燃起火，直接财产损失290余万元。

预防植物堆垛自燃引发火灾事故，一是尽量保持植物的干燥状态，经常翻晒防潮；二是植物堆垛不宜过高，并留有通风口和间距，以便散热；三是要加强日常检查，发现堆垛温度过高或有冒水蒸气、塌垛等自燃征兆时，应当立即采取翻垛降温等处理措施。

（七）粉尘爆炸

粉尘爆炸是指可燃粉尘与空气形成的混合物在爆炸极限浓度范围内遇火源时发生的爆炸现象。从事面粉加工、金属粉末加工、木材加工、塑料加工、纺织、制糖的工厂和作坊等都存在发生粉尘爆炸的危险性。

【案例】2010年2月24日16时，河北省秦皇岛市骊骅淀粉股份有限公司淀粉四车间发生粉尘爆炸事故，导致现场作业的19人死亡、49人受伤。

预防粉尘爆炸可以采取以下措施：一是应当采取通风、除尘等措施，控制可燃粉尘浓度；二是增加空气湿度，减少可燃粉尘发生爆炸的危险性；三是在有可燃粉尘爆炸危险的场所应当禁止使用明火、禁止吸烟；四是电气设备和线路必须满足相应的防爆技术规定；五是定期清除地面、设备和建筑构件上的粉尘。

（八）放火

2010年，全国农村因放火引发火灾1690起，死亡86人、受伤38人。邻里纠纷、家庭矛盾、对精神病患者和智障人员监护不力是导致放火的主要因素。

【案例】2009年8月4日凌晨，浙江省长兴县雉城镇因生意纠纷引发一起放火案件，火灾造成3人死亡，3名案犯分别被判处死刑、死缓和无期徒刑。

乡镇人民政府应当指导村民委员会做好邻里、家庭矛盾的调解工作。对于村民委员会无法调解的矛盾纠纷，乡镇人民政府应当及时组织司法所、公安派出所进行调解，避免矛盾纠纷激化；对于精神病患者和智障人员，乡镇人民政府、村民委员会应当督促监护人落实监护措施，并定期走访、检查。

三、减少火灾危害的常见措施

人类的生产、生活活动大多在建筑物内进行，在乡村规划以及建筑的设计、施工和使用过程中必须采取相应的防火措施，最大限度地减轻火灾危害。

（一）合理布局

乡镇政府应结合新农村建设，制定和实施乡村消防规划，合理安排消防车道、消防供水等公共消防设施，合理确定生产、储存和装卸易燃易爆物品的工厂仓库用地和总体布局。生产企业、加工作坊以及"三合一"、"多合一"建筑多的农村地区，可采取建立工业园区、集贸市场等方法，将生产、经营、储存场所与居住场所分离，减少火灾对人身安全的危害。

（二）提高建筑物的耐火等级

建筑的耐火性能越好，发生火灾后越不容易蔓延扩大和倒塌，能够为安全疏散、扑救火灾和抢救物资赢得宝贵时间。为减少火灾伤亡和财产损失，要积极倡导村民修建耐火性能较好的钢筋混凝土结构和砖混结构建筑。引导、鼓励村民在条件允许的情况下改造民居，提高建筑的耐火等级。

【阅读链接】 耐火等级是衡量建筑物耐火性能的重要参数，由建筑构件的燃烧性能和耐火极限所决定。耐火等级分为一、二、三、四级，一级耐火性能最好，四级最差。一般来说，钢筋混凝土结构和砖混结构建筑的耐火等级可达到一、二级，砖木结构建筑的耐火等级通常可达到三级，木、竹结构建筑的耐火等级为四级。

（三）控制火灾蔓延

1. 防止火灾在建筑之间蔓延

建筑物发生火灾后，会因热辐射、热对流、飞火等使火灾蔓延至周围其他建筑，形成大面积燃烧。乡镇人民政府和村民委员会在审查、审批村民住宅建房申请时，应当要求建筑之间保持必要的防火间距。对于现有的集中成片的砖木、木竹结构建筑群，应当采取在建筑与建筑之间增设防火墙、马头墙，开辟防火隔离带等方法，防止火烧连营的发生（见图1-1-2）。

2. 防止火灾在建筑内大面积蔓延

对于一些面积较大或者性质重要的建筑物，可以在建筑内使用防火墙、防火门、防火窗等构件划分为相互独立的区域，一旦发生火灾，在一定时间内将火灾控制在一定范围内，以减少人员伤亡和财产损失。

【阅读链接】 防火墙是为了防止火灾蔓延扩大，而设在室外或者建筑物基础、钢筋混凝土框架上，具有一定耐火性能的墙体；防火门、防火窗是在一定时间内，连同框架满足耐火稳定性、耐火完整性，起到防止火灾蔓延扩大作用的门、窗。

（四）确保安全疏散

当建筑着火时，保证建筑内的人员能迅速疏散撤离到安全地点，同时为扑救火灾提供必要条件至关重要。建筑物应当按照规模、使用性质等，设置宽度、形式、数量符合消防技术标准要求的疏散楼梯、疏散通道和安全出口，公共建筑和工业建筑还应当按规定设置灯光疏散指示标志和消防应急照明。

图 1-1-2　木结构建筑间设置的马头墙

【阅读链接】　疏散楼梯是人员安全疏散的重要通道。按不同的防火要求，疏散楼梯分为敞开楼梯间、封闭楼梯间、防烟楼梯间和室外疏散楼梯。敞开楼梯间是由墙体等围护构件构成的无防烟功能、且与其他使用空间相通的楼梯间；封闭楼梯间是用墙体、防火门等分隔，能防止烟和热气进入的楼梯间（见图 1-1-3）；防烟楼梯间是在楼梯间入口处设有防烟前室，或设有专供排烟用的阳台、凹廊等，且通向前室和楼梯间的门均为防火门的楼梯间；室外疏散楼梯是用耐火构件与建筑物分隔，设在墙外的楼梯。

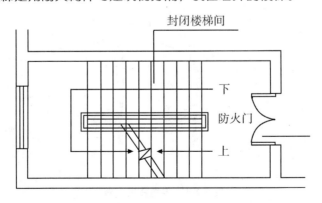

图 1-1-3　封闭楼梯间图例

【阅读链接】 灯光疏散指示标志是用图形、文字指示安全出口和疏散方向的灯具，分为疏散方向标志灯和安全出口标志灯（见图1-1-4）；消防应急照明是指火灾发生时因正常照明电源失效、用于保障人员疏散或正常工作的照明。

图1-1-4　灯光疏散指示标志

（五）配置灭火设备

公共建筑和工业建筑应按相关规定配置灭火设备。常见的建筑灭火设备有：灭火器（见图1-1-5）、室内消火栓以及自动喷水灭火系统、气体灭火系统、泡沫灭火系统和干粉灭火系统。

图1-1-5　手提式灭火器

（六）控制建筑的火灾荷载

建筑装饰、装修应当尽量不用或少用可燃材料，尤其是要避免使用燃烧时产生大量的烟雾和有毒气体的装修、装饰材料；建筑进行外墙节能施工时，要优先选用不燃、难燃的保温材料，不得使用易燃材料。并应当采用不燃或者难燃材料做防护层，将保温材料完全覆盖。

四、火灾逃生自救常识

（一）初起火灾的扑救

火灾初起阶段，燃烧面积不大，如发现及时、扑救方法得当，用较少的人力和简单的灭火器材就能很快把火扑灭。

1. 扑救方法

（1）冷却法。将燃烧物的温度降低到燃点以下，使可燃物无法继续燃烧。冷却法是灭火的主要方法，一般在灭火中使用的冷却剂有水、泡沫等。

（2）隔离法。隔离法就是将火源周围的可燃物隔离或者移出，使燃烧因缺少可燃物而停止。例如：农村木质结构建筑密集的村庄发生火灾，在对着火建筑进行扑救的同时，将着火建筑周围的部分木质结构建筑拆除，形成防火隔离带，防止火势继续蔓延；液化石油气、沼气管道泄漏燃烧时，应立即关闭供气阀门。

（3）窒息法。阻止空气流入燃烧区域，或用不燃烧的惰性气体冲淡空气，使燃烧因缺少助燃物而熄灭。例如：液化石油气瓶起火，火势不大时，立即关闭气阀，用湿毛巾、湿围裙、湿抹布等，直接将火焰盖住，将火熄灭；当炒菜锅里的食用油因温度过高起火时，可以迅速盖上锅盖，使火熄灭。还可以使用泡沫、二氧化碳灭火器，对准燃烧物进行喷射，隔绝氧气、降低氧气浓度，使燃烧熄灭；汽油、煤油等可燃液体在地面流淌燃烧，可使用沙子、土覆盖灭火。

（4）化学抑制法。将有抑制作用的灭火剂喷射到燃烧区，并参加到燃烧反应过程中去，使燃烧反应过程中产生的游离基消失，阻断链式反应，使燃烧终止。干粉灭火器的主要灭火机理就是化学抑制法。

2. 正确选用灭火剂

常见的灭火剂有：水、干粉、泡沫、二氧化碳等，针对不同类型的火灾需要选择适当的灭火剂，才能达到灭火效果。各类灭火剂与火灾类型的关系如下：

（1）水。适用于扑救固体火灾和水溶性液体火灾，不适用于扑救气体火灾和非水溶性液体火灾。

（2）泡沫。适用于扑救固体火灾、液体火灾，不适用于扑救气体火灾。

（3）二氧化碳。适用于扑救液体火灾和气体火灾，不适用于扑救固体火灾。

（4）ABC 类干粉。适用于扑救固体、液体、气体火灾。

（5）BC 类干粉。适用于扑救液体、气体火灾，不适用于扑救固体火灾。

3. 常用灭火器具的使用方法

（1）手提式灭火器。手提式灭火器是使用、设置最为普遍的灭火器材。灭火器的种类很多，最常用的有干粉、泡沫、水系、二氧化碳灭火器，其使用的步骤和方法如下（见图 1-1-6）：

①拔出灭火器的保险销；

②到达火焰上风处的适当位置；

③一手压下按把，一手紧握喷嘴

④对准火焰根部进行扫射。

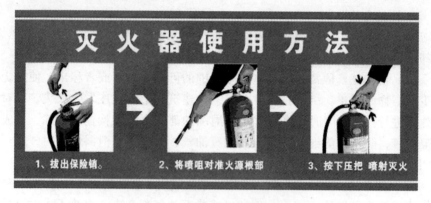

图 1-1-6　手提式灭火器的使用方法

（2）室内消火栓。室内消火栓是一种常见灭火设备，一般公共建筑内都设有室内消火栓。

单人操作程序（见图 1-1-7）：①打开消火栓箱；②将水带与水枪连接；③将水枪和水带置于地面；④将水带与消火栓栓口连接；⑤一手紧握水枪，一手将消火栓阀门打开；⑥迅速将水带向前拉出；⑦向燃烧物射水灭火。

双人操作程序：①打开消火栓箱；②将水带与水枪连接；③将水带与消火栓栓口连接；④一人紧握水枪拉动水带至适当位置，并示意打开阀门；⑤另一人迅速打开阀门，并疏理水带打结、扭曲处；⑥向燃烧物射水灭火。

（二）疏散逃生

火灾时，在场人员受到有毒烟气、火焰、高温的危害，生命安全受到威胁，必须迅速、安全地撤离到安全地点。

1. 住宅火灾的疏散逃生

通常情况下，农村住宅楼层不高、面积不大，较易疏散。在日常生活中，注意不要在房间出口、走道、楼梯处堆放杂物。发生火灾后应立即通知家庭成员，快速通过走道、房门、窗户疏散到室外的安全地点。木、竹建筑以及毡房、蒙古包等燃烧迅速，发生火灾后要迅速疏散，绝不能因抢救财物而耽误疏散逃生。

图 1-1-7　室内消火栓的使用方法

2. 合用建筑的疏散逃生

一些经济发达地区，农村民居每层建筑面积不大，但层数一般在 5 层以上，整栋房屋只有一个楼梯，俗称为"通天房"。当地农民素有经商、办企业传统，常在自建的"通天房"内设置加工作坊、经营场所、储存场所和员工宿舍。由于可燃物多、人员密集、疏散楼梯数量不足，发生火灾蔓延迅速，极易造成人员伤亡。

对于此类建筑应当使用砖墙、楼板、防火门等将住宿场所与其他场所进行防火分隔。住宿场所应当设置在二层以下或独立设置疏散楼梯，确有困难的可以设置室外梯或在阳台和外窗上配备救生缓降器、软梯、安全绳等逃生设施。同时，要强化消防安全教育培训，组织疏散逃生演练，熟悉逃生设施的使用，提高自防自救能力。

3. 生产、经营、服务场所的疏散逃生

无论身处熟悉的建筑环境，还是旅馆、饭店、商店和公共娱乐场所，都要养成注意观察疏散设施的习惯，准确知道所处的楼层和位置，掌握疏散楼梯、安全出口的具体位置和最简捷的疏散路线。一旦发生火灾，立即按照路线疏散，切忌盲目乱跑乱闯。

4. 火灾烟气的防范

燃烧产生的烟气温度高且有毒，是火灾致人死亡的主要原因。火灾时可用浸湿的毛巾或其他织物，折叠多层后捂住口鼻迅速撤离烟雾区（见图1-1-8）。在找不到毛巾和织物的情况下，应当依据烟气温度高、地面上烟气相对稀薄的原理，采取低姿势或者匍匐穿过烟雾区。

图1-1-8　用浸湿的毛巾捂住口鼻

5. 危险情况下的疏散逃生

在楼梯、通道、出口被火焰、浓烟封锁，无法安全撤离的情况下，要保持冷静，充分利用身边的物品、设施进行自救。可以将棉被、毛巾等物品浸湿后披在身上，强行通过着火区疏散；可以利用落水管、绳子或者其他织物编织的绳索通过室外向下疏散。在确实无力或者没有条件向下疏散的情况下，可以选择到屋顶等待救援。

第二节　消防法律法规

消防法律法规是指国家有权机关制定、发布的与消防工作有关的法律、法规、规章以及其他规范性文件，是开展农村消防工作的准则、依据和规范。

一、《中华人民共和国消防法》

1957年11月，全国人民代表大会常务委员会第86次会议就批准施行了新中国第一部消防法律《消防监督条例》。1984年5月，第六届全国人民代表大会常务委员会第五次会议批准施行了《中华人民共和国消防条例》。1998

年 4 月，第九届全国人民代表大会常务委员会第二次会议审议通过了《中华人民共和国消防法》（以下简称《消防法》），并于同年 9 月 1 日施行。2008年 10 月 28 日，第十一届全国人大常委会第五次会议审议通过了修订后的《消防法》，并于 2009 年 5 月 1 日起施行。

（一）消防工作的方针和原则

"预防为主、防消结合"，是《消防法》确定的消防工作方针。在积极贯彻落实各项防火措施、防止火灾的发生的同时，要切实做好扑救火灾的各项准备工作，一旦发生火灾，能够及时发现、有效扑救，最大限度地减少人员伤亡和财产损失。

"政府统一领导、部门依法监管、单位全面负责、公民积极参与"是《消防法》规定的消防工作原则。消防安全是政府社会管理和公共服务的重要内容，是社会稳定经济发展的重要保障，必须在各级政府的统一领导下，相关部门依法监管，单位履行消防安全管理法定职责，群众自觉维护并积极参与，才能有效预防和遏制火灾事故的发生。

（二）对乡镇人民政府消防工作的规定

1. 宏观规划方面

（1）将消防工作纳入国民经济和社会发展计划。乡镇人民政府应当将消防安全纳入国民经济和社会发展计划，明确一个阶段内消防工作应当达到的目标以及为此而采取的具体措施，保障消防工作与经济社会发展相适应。

（2）编制、实施乡村消防规划。乡镇政府应当组织编制乡村消防规划并将其纳入乡、村庄规划，并组织实施。

2. 火灾预防方面

（1）组织开展消防宣传教育。《消防法》第六条第一款规定："各级人民政府应当组织开展经常性的消防宣传教育，提高公民的消防安全意识。"

（2）组织开展消防安全检查。《消防法》第三十条规定："在农业收获季节、森林和草原防火期间、重大节假日期间以及火灾多发季节，地方各级人民政府应当组织开展有针对性的消防宣传教育，采取防火措施，进行消防安全检查。"

（3）督促、协调整改重大火灾隐患。《消防法》第五十五条规定，对于影响公共安全的重大火灾隐患，县级以上人民政府应当组织或者责成有关部门、单位进行整改。乡镇政府作为上级政府决议、命令的具体执行单位，对于辖区存在的重大火灾隐患，应当责成整改责任单位制定落实整改计划，协调有关部门对火灾隐患的整改给予必要支持，督促采取有效防火安全措施，确保整改期间的消防安全。

3. 支持、指导和帮助村民委员会开展群众性的消防工作

《消防法》第三十二条规定："乡镇人民政府、城市街道办事处应当指导、支持和帮助村民委员会、居民委员会开展群众性的消防工作。"

4. 建立消防队伍

《消防法》第三十六条第二款规定："乡镇人民政府应当根据当地经济发展和消防工作的需要，建立专职消防队、志愿消防队，承担火灾扑救工作。"

（三）对村民委员会消防工作的规定

1. 开展消防宣传教育

《消防法》第六条第七款规定："村民委员会、居民委员会应当协助人民政府以及公安机关等部门，加强消防宣传教育。"

2. 确定消防安全管理人

《消防法》第三十二条规定："村民委员会、居民委员会应当确定消防安全管理人，组织制定防火安全公约，进行防火安全检查。"消防安全管理人一般由村民委员会负责人或者治安保卫委员会的负责人担任。

3. 制定防火安全公约

防火安全公约是村民基于共同的消防安全利益和愿望，共同约定遵守的消防安全行为规范。制定防火安全公约是村民在消防安全工作中进行自我管理、自我教育、自我约束的一种有效方式。

4. 开展消防安全检查

村民委员会应当对驻村单位、村民住宅等进行消防安全检查，对于检查中发现的消防违法行为和火灾隐患，要督促整改。相关责任人拒不整改危及公共安全的，村民委员会应当报告乡镇政府、公安派出所或者公安机关消防机构依法处理。

5. 建立消防组织

大部分村庄远离城镇、地处偏远，如果发生火灾单靠公安消防队和政府专职消防队进行扑救，会失去火灾扑救的最佳时期，导致小火酿成大灾。村民委员会应当组建专（兼）职、义务（志愿）消防队伍，加强管理和训练，组织扑救初起火灾。

（四）对村民消防安全义务的规定

1. 保护消防设施。

村民应当自觉遵守消防法律法规，不得损坏、遮挡、挪用消火栓、自动灭火系统、火灾自动报警系统等消防设施，不得占用、堵塞、封闭疏散通道、安全出口、消防车通道。对于他人损坏消防设施的违法行为，应当予以指出、制止或者向公安机关消防机构、公安派出所举报。

2. 预防火灾

预防火灾是消防工作的重点，每个人都要从自己做起，在生产、经营活动中要严格遵守消防法律法规和安全操作规程，在生活中要注意用火用电用气安全，才能有效减少火灾危害。

3. 报告火警。

村民发现着火后，应立即拨打火警电话"119"，向公安机关消防机构报告火警。在通讯不便的条件下，应当以其他便捷有效的方法报告火警。

4. 参加有组织的灭火工作

农村发生火灾，成年村民要在政府、公安机关消防机构或者村民委员会的组织带领下，开展扑救初起火灾、引导人员疏散、破拆临近火灾现场的建筑物等灭火工作。

（五）消防安全监督管理制度

为加强监督管理，督促单位、村民依法履行消防安全职责和义务，有效减少火灾危害，《消防法》明确了以下消防安全监督管理制度：

1. 建设工程消防监督管理制度

国家为确保建筑、线路管道和设备的消防安全，颁布实施了一系列消防技术标准。建设工程的设计、施工质量如果不符合消防技术标准的要求，将会留下严重的消防安全隐患。为把好建设工程消防设计、施工源头关，《消防法》明确规定了建设工程的消防监督管理制度。

（1）对大型人员密集场所和其他特殊工程实行消防设计审核和消防验收行政许可制度。《消防法》规定，国务院公安部门规定的大型的人员密集场所和其他特殊建设工程，建设单位应当将消防设计报公安机关消防机构审核。未经依法审核或者审核不合格的，负责审批该工程施工许可的部门不得给予施工许可，建设单位、施工单位不得施工；工程竣工后，建设单位应当向公安机关消防机构申请消防验收，未经消防验收或者消防验收不合格的，禁止投入使用。

（2）对其他建设工程实行备案抽查。对于其他按照国家工程建设消防技术标准需要进行消防设计的建设工程（住宅室内装修、村民自建住宅、救灾和其他临时性建筑除外），建设单位应当自依法取得施工许可、工程竣工验收合格之日起7个工作日内，报公安机关消防机构备案，被公安机关消防机构确定为抽查对象的，建设单位应当在接到通知之日起5个工作日内向公安机关消防机构提交相关材料接受检查。公安机关消防机构应当在收到消防设计、竣工验收备案材料之日起30个工作日内完成检查。检查不合格的，应当在5个工作日内书面通知建设单位改正，已经开始施工的，同时责令停止施工；已经投入使用的，责令停止使用。

2. 公众聚集场所投入使用、营业前的消防安全检查制度

农村的公众聚集场所主要有旅馆、饭店、商场、集贸市场、客运车站候

车室、客运码头候船厅、体育场馆、会堂以及公共娱乐场所等。公众聚集场所人员众多，而且向社会公众开放，一旦发生火灾容易造成重大人员伤亡。

为加强公众聚集场所的消防安全管理，有效预防群死群伤恶性火灾事故，《消防法》规定，公众聚集场所在投入使用、营业前，建设单位或者使用单位应当向场所所在地的县级以上地方人民政府公安机关消防机构申请消防安全检查。公安机关消防机构应当自受理申请之日起 10 个工作日内，对该场所进行消防安全检查。未经检查或者经检查不符合消防安全要求的，不得投入使用、营业。

3. 消防监督检查制度

法律赋予公安机关消防机构和公安派出所对机关、团体、企业、事业等单位遵守消防法律、法规情况以及居民委员会、村民委员会履行消防安全职责的情况进行监督检查的职权。

二、《中华人民共和国刑法》

刑法是规定哪些行为是犯罪并应当负刑事责任，给予犯罪人何种刑事处罚的法律。我国的刑法中有以下几种犯罪与消防安全有关。

（一）放火罪

放火罪，是指故意放火焚烧公私财物，危害公共安全的行为。《中华人民共和国刑法》（以下简称《刑法》）第一百一十四条和第一百一十五条第一款规定，犯放火罪的，尚未造成严重后果的，处三年以上十年以下有期徒刑；致人重伤、死亡或使公私财产遭受重大损失的，处十年以上有期徒刑、无期徒刑或死刑。

【案例】浙江省庆元县松源镇坑西村村民黄某在 2007 年至 2010 年期间，先后 19 次放火烧毁他人的房屋、菇棚、工棚，造成直接经济损失 16 万余元，黄某因放火罪被判处有期徒刑 10 年零 6 个月。

（二）失火罪

失火罪是指由于行为人的过失引起火灾，造成严重后果，危害公共安全的行为。《刑法》第一百一十五条第二款规定，犯失火罪的，处三年以上七年以下有期徒刑；情节较轻的，处三年以下有期徒刑或者拘役。

【案例】2010 年 2 月 25 日，云南省河口县莲花滩乡徐某在自家租种的香蕉地烧茅草积肥，未等火完全熄灭就离开，引发森林火灾，烧毁有林面积 399.4 亩。徐某因失火罪被判处有期徒刑 3 年零 6 个月。

（三）消防责任事故罪

消防责任事故罪，是指违反消防管理法规，经消防监督机构通知采取改正措施而拒绝执行，造成严重后果的行为。《刑法》第一百三十九条规定，违反消防管理法规，经消防监督机构通知采取改正措施而拒绝执行，造成严重后果的，对直接责任人员，处三年以下有期徒刑或者拘役；后果特别严重的，处三年以上七年以下有期徒刑。

【案例】2004年2月15日，吉林省吉林市中百商厦因员工乱扔烟头引发火灾，造成54人死亡、70人受伤。中百商厦未按照公安机关消防机构的通知整改火灾隐患，导致了火灾的蔓延扩大，商厦总经理、副总经理、保卫科科长因消防责任事故罪，被分别判处有期徒刑6年、5年、4年。

（四）玩忽职守罪

玩忽职守罪，是指国家机关工作人员玩忽职守，致使公共财产、国家和人民利益遭受重大损失的行为。《刑法》第三百九十七条规定，国家机关工作人员滥用职权或者玩忽职守，致使公共财产、国家和人民利益遭受重大损失的，处三年以下有期徒刑或者拘役；情节特别严重的，处三年以上七年以下有期徒刑。

【案例】1994年12月8日，新疆维吾尔自治区克拉玛依市友谊馆在举办演出活动过程中发生火灾，共造成323人死亡、132人受伤。起火后，克拉玛依市主管文教工作的副市长没有正确履行法定职责和特定的组织指挥职责，构成玩忽职守罪，被判处有期徒刑四年零六个月。

（五）重大责任事故罪

重大责任事故罪，是指在生产、作业中违反有关安全管理的规定，或者强令他人违章冒险作业，而发生的重大伤亡事故或者造成其他严重后果的行为。《刑法》第一百三十四条规定，在生产、作业中违反有关安全管理的规定，因而发生重大伤亡事故或者造成其他严重后果的，处三年以下有期徒刑或者拘役。情节特别恶劣的，处三年以上七年以下有期徒刑；强令他人违章冒险作业，因而发生重大伤亡事故或者造成其他严重后果的，处五年以下有期徒刑或者拘役；情节特别恶劣的，处五年以上有期徒刑。

【案例】2008年9月20日，深圳市龙岗区三和村舞王俱乐部发生火灾，造成44人死亡、58人受伤。舞王俱乐部两名经营者因重大责任事故罪、非法经营罪，分别被判处有期徒刑14年6个月。

三、其他法律法规

（一）《中华人民共和国公务员法》

《中华人民共和国公务员法》第四十九条规定，公务员或者公务员集体防止、消除事故有功，使国家、群众利益免受或者减少损失的；在抢险、救灾等特定环境中奋不顾身，做出贡献的，应当给予奖励。奖励分为：嘉奖、记三等功、记二等功、记一等功、授予荣誉称号。对受奖励的公务员或者公务员集体予以表彰，并给予一次性奖金或者其他待遇。

（二）《行政机关公务员处分条例》

《行政机关公务员处分条例》第二十条规定，行政机关公务员不依法履行职责，致使可以避免的爆炸、火灾、传染病传播流行、严重环境污染、严重人员伤亡等重大事故或者群体性事件发生的。发生重大事故、灾害、事件或者重大刑事案件、治安案件，不按规定报告、处理的，给予记过、记大过处分；情节较重的，给予降级或者撤职处分；情节严重的，给予开除处分。

【案例】2000年12月31日，贵州省锦屏县彦洞乡彦洞村，因村民生活用火不慎引发火灾事故，烧毁房屋198栋649间、粮食18万公斤、生猪200余头，受灾193户922人。彦洞乡党委书记、乡长、分管消防的副乡长由于消防管理工作不力，被分别给予降级处分。

四、规范性文件

（一）中央1号文件

中共中央每年下发的第一份文件在国家全年工作中具有纲领性和指导性地位。1号文件中提到的问题是中央全年需要重点解决、也是国家亟待解决的问题。2004年至2010年，中央连续下发了7个以"三农"（农村、农业、农民）问题为主题的1号文件，其中3个文件对农村消防工作进行了部署和强调，体现了党中央对农村消防工作的高度重视。

2006年的中央1号文件《关于推进社会主义新农村建设的若干意见》，要求各级政府要切实加强村庄规划工作，安排资金支持编制村庄规划和开展村庄治理试点，在解决农民饮水、行路、用电和燃料等方面的困难，加强宅基地规划和管理，改善农村环境卫生的同时，要"注重村庄安全建设，防止山洪、泥石流等灾害对村庄的危害，加强农村消防工作"。

2007年的中央1号文件《关于积极发展现代农业扎实推进社会主义新农村建设的若干意见》，要求各级党组织在加强农村精神文明建设，搞好扶贫开展，完善农村社会保障体系的同时，要"做好农村消防及其他安全工作，坚决制止污染企业向农村扩散，强化对各类地质灾害的监控，做好救灾救济工作，切实增强群众安全感"。

2010年的中央1号文件《关于加大统筹城乡发展力度进一步夯实农业农村发展基础的若干意见》，要求切实维护农村社会稳定，"加强农村消防工作，健全农村应急反应机制"。

（二）国务院关于进一步加强消防工作的意见

2006年5月10日，国务院下发了《关于进一步加强消防工作的意见》（国发〔2006〕15号），文件将坚持城乡统筹，大力加强农村消防工作，不断改善城乡防火安全条件，作为消防工作的基本原则。并就如何加强消防工作提出了具体的工作要求。

1. 加强公共消防设施建设

文件要求地方各级人民政府要结合实际编制城乡消防规划，确保公共消防设施建设与乡村建设同步实施；对缺少消防规划或消防规划不合理的乡村建设规划，不得批准。对公共消防设施不能满足灭火应急救援需要的，要及时增建、改建、配置或者进行技术改造。

2. 加强多种形式消防队伍建设

文件规定地方各级人民政府要根据经济社会发展需要，大力发展以公安消防队为主体的多种形式消防队伍。乡（镇）人民政府可以根据当地经济发展和消防工作的需要，建立专职消防队、志愿消防队。

3. 加强消防宣传教育培训

文件要求各级人民政府每年要制订并组织实施消防宣传教育计划，普及消防法律法规以及防火、灭火和逃生自救常识。地方各级人民政府要加强对各级领导干部消防法律法规等知识的培训。政府和有关部门要责成用人单位对农民工开展消防安全培训。

4. 强化火灾隐患督办整改

文件要求地方各级人民政府对不符合乡村消防安全布局的易燃易爆危险物品生产、储存场所等重大火灾危险源，要限期搬迁；对无法保证消防安全的，要责令停止使用。在制订近期建设规划和村庄整治计划时，要优先安排"城中村"、易燃建筑密集区的拆迁和改造。

5. 严格考评奖惩

文件要求地方各级人民政府把消防工作作为政府目标责任考核和领导干部政绩考评的重要内容，纳入社会治安综合治理、创建文明城市（乡镇、村、社区）和平安地区等考评范围。

（三）加强社会主义新农村建设消防工作的指导意见

为贯彻落实 2006 年、2007 年中央 1 号文件，加强农村消防工作，中央综治办、公安部、国家发改委、民政部、财政部、建设部、农业部等国家七部委联合下发了《加强社会主义新农村建设消防工作的指导意见》（公通字〔2007〕34 号），就如何加强新农村消防工作提出了具体的指导意见。

1. 全面落实消防工作责任制

要求县、乡镇人民政府建立消防安全工作领导小组，编制和实施乡镇、村庄消防规划，加强多种形式消防队伍和公共消防设施建设，组织开展消防宣传教育培训、消防安全检查及火灾隐患整治等工作；明确了各级社会治安综合治理部门、发展改革部门、建设部门、财政部门、农业部门、民政部和公安机关在农村消防工作中的具体职责和任务；要求村民委员会要建立消防安全管理组织，健全工作制度，落实专（兼）职消防管理员，具体抓好日常消防工作。要制定消防安全村规民约，实行消防安全联防制度，开展消防安全宣传和消防安全检查、巡查，及时消除火灾隐患，协助有关部门落实农村老弱病残等特殊人群的消防安全监护。组建专（兼）职、志愿消防队伍，加强管理和训练，组织火灾扑救。

2. 加强农村公共消防设施建设

文件要求在编制和修订乡镇、集镇、村庄、渔港、国有农场等总体规划时，按照国家有关消防法律法规和技术标准，纳入消防安全布局、消防车通道、消防水源、消防通信、消防装备、多种形式消防队伍等内容。已编制、修订完成总体规划，但缺少消防安全内容的，要及时补充。凡没有消防安全内容的总体规划，不得批准；要结合农村公路、人畜饮水、农村电网、农村沼气、信息工程、群众渔港等建设，开展农村公共消防设施建设；要按照扩大公共财政覆盖农村范围的要求，将农村消防工作所需经费列入财政预算予以保障，建立和完善农村消防工作经费保障机制。

3. 提高农村火灾防控水平

文件要求各地要切实通过强化消防宣传教育培训，整治火灾隐患，加强事故防范等措施，减少农村火灾事故危害。

（四）关于加强多种形式消防队伍建设发展的规范性文件

为提高全社会防控火灾能力和公共消防安全水平，2006 年 9 月 28 日、2010 年 8 月 12 日，公安部、国家发展和改革委员会、财政部、劳动和社会保障部、民政部、人力资源和社会保障部、交通运输部、中华全国总工会先后联合下发了《关于加强多种形式消防队伍建设发展的意见》、《关于深化多种形式消防队伍建设发展的指导意见》，明确了多种形式消防队伍建设发展的工作目标、工作原则、建队标准和保障措施。

1. 工作目标

"十二五"期间，未建立公安消防队的建成区面积超过五平方公里或者居住人口五万人以上的乡镇，易燃易爆危险品生产、经营单位和劳动密集型企业密集的乡镇，全国和省级重点镇、历史文化名镇，省级及以上的经济技术开发区、旅游度假区、高新技术开发区，国家级风景名胜区应当建立政府专职消防队；其余乡镇、街道办事处以及城市社区、行政村，要结合本地实际和灭火救援需求，因地制宜地建设保安消防合一的治安联防消防队、志愿消防队或者消防执勤点，提高自防自救能力。

2. 工作原则

文件明确了多种形式消防队伍建设和发展的基本原则：一是政府负责，

齐抓共管。地方各级人民政府要将多种形式消防队伍建设纳入国民经济和社会发展总体规划，列入政府任期目标，认真组织实施。公安和发展改革、财政、人力资源和社会保障、民政及交通运输等部门要按照各自职能，制定引导和扶持多种形式消防队伍发展的政策，加强协调配合，落实工作措施。二是统筹规划，分步实施。地方各级人民政府要按照多种形式消防队伍建设发展工作目标，根据本地区情况制定建设发展计划。经济发展较快的东部地区要率先完成建设任务；中西部和东北欠发达地区，要采取有效措施，按期完成建设任务。三是因地制宜，注重实效。在队伍模式和建设标准上不搞"一刀切"，政府专职消防队可以单独建设，也可以采取政府、企业联建等方式建设。四是规范管理，一队多能。地方人民政府要加强多种形式消防队伍的领导和管理，建立健全管理制度。政府专职消防队和企业事业单位专职消防队要参照公安消防队管理要求，实行统一管理、统一称谓、统一标识、统一服装，积极参与火灾扑救、开展消防知识宣传和消防安全检查，接受公安消防部门的业务指导和统一指挥。

3. 建队标准

乡镇人民政府、城市街道办事处组建的政府专职消防队，应当结合本地实际和灭火救援需求合理确定建设标准，专职消防队员不宜少于10人。

4. 保障措施

各级政府要加强经费、人员、执勤保障，定期组织考核验收、奖惩，确保多种形式消防队伍健康、科学发展。

【思考题】

1. 简述发生燃烧的必要条件。
2. 简述乡镇政府的农村消防工作法定职责。
3. 简述村民委员会的法定消防工作职责。

第二章　农村消防安全管理

农村消防安全管理工作，必须牢牢把握党中央、国务院的总体要求，依照有关消防法律法规，明确管理职责，建立健全组织，完善工作制度，认真组织实施，才能把农村消防工作真正落到实处，预防和减少火灾危害，维护农村的和谐稳定。

第一节　管理职责

乡镇人民政府、村民委员会作为农村消防安全管理的主体，应当明确各自的管理职责，组织领导、协调落实农村消防安全管理工作。

一、乡镇人民政府及负责人的消防安全管理职责

依照《中华人民共和国消防法》规定，地方各级人民政府负责本行政区域内的消防工作。农村消防安全管理工作能否有效落实，关键在于乡镇人民政府及其负责人能否认真履行法定消防安全管理职责。

（一）乡镇人民政府的消防安全管理职责

1. 执行消防法律、法规，建立并督促落实消防安全责任制，定期组织检查考评。

2. 组织编制和实施消防规划，采取措施加强公共消防设施建设，保障必要的消防工作经费。

3. 组织消防安全检查，督促整改火灾隐患。

4. 开展消防安全宣传教育，提高群众消防安全意识和消防安全素质。

5. 根据当地经济发展和消防工作需要建立多种形式消防队伍，增强火灾预防、扑救和应急救援能力。

6. 辖区内发生火灾事故时，参与做好组织协调、灭火救援以及善后处理工作。

7. 指导、支持和帮助村民委员会开展群众性消防工作。

8. 履行法律法规规定的其他消防安全管理职责。

【阅读链接】　　多种形式消防队伍是以公安消防队为主体，政府专职消防队、企业事业单位专职消防队、群众义务消防队、志愿消防队、保安消防队伍和消防文员等为基础，全面覆盖城乡，有效控制各类火灾的中国特色的消防力量体系。

（二）乡镇人民政府负责人的消防安全管理职责

乡镇人民政府的主要负责人是消防安全第一责任人，对消防安全工作负全面责任；分管负责人是消防安全主要责任人，对消防安全工作负直接领导责任，应履行下列消防安全管理职责：

1. 贯彻执行消防法律、法规，研究部署消防安全工作。

2. 掌握辖区消防安全状况，协调解决消防安全重大问题。

3. 指导检查辖区消防工作，督促落实消防安全责任制。

4. 依照规定组织消防安全检查和消防宣传教育。

5. 发生火灾时，及时组织扑救。

二、村民委员会和村民小组的消防安全管理职责

开展农村消防安全管理工作是村民委员会的法定职责之一。村民委员会及其村民小组作为实施消防安全管理的基层自治组织，应积极履行职责，认真开展群众性的消防工作。

（一）村民委员会的消防安全管理职责

村民委员会协助乡镇人民政府开展消防工作，承担本村消防安全管理的服务和协调工作，应履行下列消防安全管理职责：

1. 确定消防安全管理人，开展群众性的消防工作。

2. 组织消防宣传教育，进行防火安全检查。

3. 制定防火安全公约，建立健全消防安全多户联防等消防工作制度，并督促村民遵守、落实。

4. 根据需要，建立多种形式消防组织，配备必要的消防器材。

5. 履行法律法规规定的其他消防安全管理职责。

（二）村民委员会的消防安全管理人职责

村民委员会消防安全管理人对村民委员会负责，具体组织实施消防安全管理，应履行下列消防安全管理职责：

1. 制定消防工作计划和防火安全公约，实施日常消防安全管理。

2. 组织防火安全检查，协调整改火灾隐患。

3. 协调做好多种形式消防组织的管理。

4. 开展群众性的消防宣传教育，组织灭火和应急疏散演练。

5. 履行村民委员会赋予的其他消防安全管理职责。

（三）村民小组的消防安全管理职责

村民小组是村民委员会开展群众性消防工作的重要力量，应履行下列消防安全管理职责：

1. 督促村民履行防火安全公约。
2. 开展家庭消防安全宣传教育。
3. 实施防火安全检查。
4. 落实消防安全多户联防制度。

三、公安派出所的消防监督职责

《消防监督检查规定》（公安部令第 107 号）第三条规定，公安派出所可以对村民委员会履行消防安全职责的情况和上级公安机关确定的单位实施日常消防监督检查。近年来，各省、自治区、直辖市公安机关结合实际，先后制定了公安派出所消防监督管理办法，对公安派出所的消防监督管理职责、日常消防监督检查范围、消防宣传教育等做出了详细规定。

公安派出所在上级公安机关消防机构的指导和监督下，应履行下列职责：

1. 依法对本行政辖区内的有关单位和场所实施日常消防监督检查。
2. 开展消防安全宣传教育，普及消防安全知识。
3. 督促本行政区域内的物业服务企业、居民委员会、村民委员会以及其他单位和个人履行消防安全职责，落实防火、灭火措施。
4. 按照职责范围对消防违法行为进行查处。
5. 协助公安机关消防机构调查处理火灾事故。
6. 法律法规规定的其他职责。

第二节 机构建设

《中华人民共和国消防法》第三十五条规定，各级人民政府应当加强消防组织建设，根据经济社会发展的需要，建立多种形式的消防组织，增强火灾预防的能力。消防安全管理机构建设是开展农村消防工作的基础，对保障农村消防工作顺利开展具有重要的作用。

农村消防安全管理机构主要由乡镇的消防安全管理机构和村庄的消防安全管理组织组成。其架构如图 2-2-1 所示。

一、乡镇消防安全管理机构

乡镇消防安全管理机构是政府领导消防工作的有效组织形式。目前，全国各地乡镇消防安全管理机构主要包括消防安全委员会、消防工作联席会议、防火安全委员会、消防管理办公室、消防工作站、消防工作领导小组等形式；一些没有成立上述消防安全管理机构的地区，由乡镇人民政府办公室或安全生产等行政主管部门具体组织实施农村消防安全管理工作。

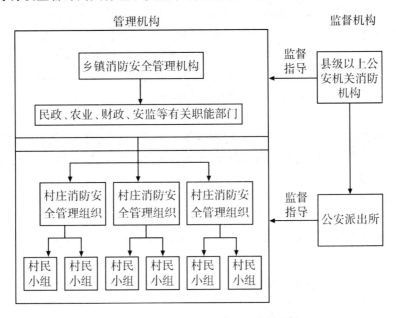

图 2-2-1　农村消防安全管理机构的架构

（一）消防安全委员会

1. 消防安全委员会的组建

乡镇人民政府成立的消防安全委员会，主任由本级政府主要领导或分管领导担任；副主任一般由乡镇分管领导或有关部门领导担任，成员由民政、农业、安全生产监督管理等有关部门领导以及村民委员会负责人组成。某乡镇消防安全委员会组织架构如图 2-2-2 所示。

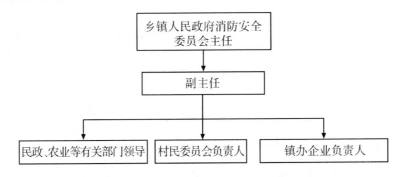

图 2-2-2　某乡镇消防安全委员会组织架构

乡镇消防安全委员会成员单位应结合实际需要确定，各成员单位应确定一名消防工作联络员，负责消防安全工作信息的上传下达，定期向乡镇消防安全委员会报告消防工作情况，及时报告涉及消防安全的重大问题。

2. 消防安全委员会办公室的设置

乡镇消防安全委员会下设办公室，办公室一般设立在乡镇人民政府，也可设立在公安机关消防机构、安全生产监督管理等部门，实行合署办公。乡镇消防安全委员会办公室应配备必要的办公设施，并应将乡镇消防安全委员会的组织架构、工作职责、工作制度等内容上墙公开。

3. 消防安全委员会及办公室的职责

乡镇消防安全委员会在政府的领导下，组织、协调有关部门，调动各方力量，开展农村消防安全管理工作。主要职责是：贯彻执行消防法律、法规，抓好消防安全责任制落实，及时研究并协调解决消防安全重大问题，建立多种形式消防组织，组织编制和实施消防规划，组织消防宣传教育培训、消防安全检查及火灾隐患整治等。

乡镇消防安全委员会办公室具体负责协调落实消防工作。主要职责是：负责乡镇消防安全委员会工作信息的上传下达，定期分析乡村消防安全形势，掌握辖区消防工作情况，发布消防工作综合信息，组织会议和草拟文件，建立消防安全工作管理档案等。

（二）消防工作联席会议

国务院《关于进一步加强消防工作的意见》（国发〔2006〕15号）规定，乡镇人民政府应切实落实消防工作负责制，建立政府分管领导牵头、有关部门参加的消防工作联席会议制度。

1. 消防工作联席会议的组建

乡镇人民政府的消防工作联席会议，由本级政府主要领导或者分管领导任召集人，有关部门为成员单位，并明确一名领导为消防工作联席会议组成人员。消防工作联席会议一般在政府设立办公室，负责消防工作联席会议日常工作。各成员单位应确定一名联络员，负责消防安全工作信息的上传下达，定期向消防工作联席会议报告消防工作情况，及时报告涉及消防安全的重大问题。

消防工作联席会议及其办公室应当定期或根据需要召开会议。

2. 消防工作联席会议的职责

消防工作联席会议的主要职责是：贯彻执行消防法律、法规，抓好消防安全责任制落实，及时研究并协调解决消防安全重大问题，建立多种形式消防组织，组织编制和实施消防规划，组织消防宣传教育培训、消防安全检查及火灾隐患整治等。

（三）消防管理办公室

1. 消防管理办公室的组建

乡镇人民政府的消防管理办公室，主任可由乡镇人民政府分管领导兼任，辖区公安派出所明确一名所领导担任常务副主任，主持日常工作；办公室成员由公安派出所专（兼）职消防民警和消防文员组成。

2. 消防管理办公室的职责

消防管理办公室的职责是：贯彻执行消防法律、法规，抓好消防安全责任制落实，及时研究并协调解决消防安全重大问题，建立多种形式消防组织，组织编制和实施消防规划，组织消防宣传教育培训、消防安全检查及火灾隐患整治等。

（四）其他形式消防安全管理机构

我国一些乡镇没有成立专门的消防安全管理机构，依托乡镇人民政府办公室、安全生产监督管理等部门，组织实施本行政区域内的消防安全管理工作。这种形式的消防安全管理机构同样应履行消防安全委员会、消防工作联席会议等相应的消防工作职责，形成"政府统一领导、部门齐抓共管"的消防工作格局。

二、村庄消防安全管理组织

《中华人民共和国村民委员会组织法》第七条规定，村民委员会根据需要设人民调解、治安保卫、公共卫生与计划生育等委员会。目前，我国一些地区的村民委员会成立了村民消防工作领导小组、村民消防安全委员会等形式的消防安全管理组织，这些管理组织的性质、职能基本相似。

（一）村民消防工作领导小组的设置

村民消防工作领导小组，是村民委员会下设的协助乡镇人民政府开展消防安全管理工作的一种组织形式。

村民消防工作领导小组一般由村民委员会主任担任组长，副组长一般由村民委员会成员担任，同时应当确定组长或副组长为消防安全管理人，领导小组成员可包括村民委员会其他成员、村民小组组长、村办企业负责人和村民代表等。

某村民消防工作领导小组的组织架构如图2-2-3所示。

（二）村民消防工作领导小组办公室的设置

村民消防工作领导小组可设置办公室，或与村民委员会办公室合署办公，并应将本村消防建设示意图、村民消防工作领导小组的组织架构、工作职责、工作制度等内容公开（见图2-2-4）。

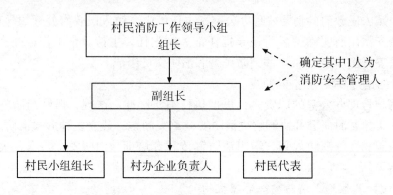

```
┌─────────────────────────┐
│   村民消防工作领导小组   │
│          组长            │
└─────────────────────────┘
                              ╲    确定其中1人为
                               ╲   消防安全管理人
┌─────────────────────────┐   ╱
│          副组长          │  ╱
└─────────────────────────┘
    │         │         │
┌────────┐ ┌────────────┐ ┌──────────┐
│村民小组│ │村办企业负责人│ │村民代表  │
│ 组长   │ │            │ │          │
└────────┘ └────────────┘ └──────────┘
```

图 2-2-3　某村民消防工作领导小组的组织架构

图 2-2-4　某村民消防工作领导小组的工作职责、管理规定样式

（三）村民消防工作领导小组及其办公室的职责

村民消防工作领导小组的职责是：协助乡镇人民政府开展消防宣传教育，落实村民会议、村民代表会议有关消防工作部署，制定防火安全公约，进行防火安全检查，建立专（兼）职、志愿消防队等多种形式的消防队伍，维护管理公共消防设施和消防装备器材等。

村民消防工作领导小组办公室的职责是：负责辖区消防工作信息的上传

下达，发布消防工作信息，建立健全消防安全管理工作制度，做好消防工作计划和总结，建立消防安全工作管理档案，检查指导村民小组、村办企业消防安全工作等。

第三节 制度建设

工作制度是管理工作的保障。开展农村消防工作，必须加强制度建设，规范消防安全管理，提高农村消防工作水平。

一、乡镇人民政府的消防工作制度

根据消防安全管理工作实际，乡镇人民政府应当建立健全各项消防工作制度。

（一）会议制度

为及时分析消防安全形势，研究解决问题，预防和减少火灾事故的发生，应建立会议制度。乡镇人民政府消防工作会议制度应当包括下列内容：

1. 乡镇人民政府可每季度组织召开一次消防工作会议，政府主要领导或分管领导主持，有关部门领导以及村民委员会负责人参加。

2. 会议召开的时间、地点和会议议题由乡镇消防安全管理机构提出，经乡镇人民政府主要领导或分管领导同意后确定。

3. 会议议题主要包括：贯彻落实上级政府消防工作决策，分析研判辖区消防安全形势，研究解决消防工作问题，部署各阶段消防工作任务，评选、表彰消防工作先进单位和个人。

4. 工作会议以会议纪要等形式明确会议议定事项。

5. 与会单位按照会议纪要，分工负责，抓好落实。乡镇人民政府应对会议议定事项的落实情况进行检查和督办。

（二）消防安全检查制度

为及时发现和消除火灾隐患，保障人民群众生命财产安全，应建立消防安全检查制度。乡镇人民政府消防安全检查制度应当包括下列内容：

1. 消防安全检查应由乡镇人民政府领导带队或成立检查小组进行，有关部门人员参加。

2. 消防安全检查应制定检查计划，明确检查重点。

3. 在农业收获季节、森林和草原防火期间、传统节假日和重大节日期间以及火灾多发季节，应当组织开展消防安全检查。

4. 检查发现火灾隐患，应及时采取措施、督促整改。

5. 消防安全检查的情况应通过适当方式向社会公告。

6. 消防安全检查情况应认真总结上报，建档管理。

（三）宣传教育制度

为提高人民群众消防安全素质，有效预防火灾，减少火灾危害，应建立宣传教育制度。乡镇人民政府消防宣传教育制度应当包括下列内容：

1. 农村消防宣传工作应纳入议事日程，制定年度计划。

2. 在农业收获季节、森林和草原防火期间、传统节假日和重大节日期间以及火灾多发季节，应当组织开展有针对性的消防宣传教育。

3. 利用报刊、广播、电视、网络、文艺团体等资源，结合文化、科技、卫生"三下乡"和平安文明创建活动，开展消防知识宣传教育。

4. 组织乡镇企业消防培训以及驻村镇企业负责人、从业人员的消防培训。

（四）火灾隐患举报制度

为充分调动人民群众参与消防工作的主动性和积极性，预防火灾事故发生，应建立火灾隐患举报制度。乡镇人民政府火灾隐患举报制度应当包括下列内容：

1. 确定本辖区火灾隐患举报受理单位和举报电话、信箱或互联网地址，并向社会公布。

2. 任何个人发现火灾隐患均可向政府及有关部门举报、投诉。

3. 及时受理火灾隐患的举报、投诉，按照职责权限移送有关部门处理。

4. 火灾隐患的举报、投诉处理结果，应及时通知举报、投诉人。

5. 举报、投诉人要求对火灾隐患举报事项保密的，应为其保密。

（五）消防设施器材维护管理制度

为夯实消防设施建设基础，提高农村抗御火灾能力，应建立消防设施器材维护管理制度。乡镇人民政府消防设施器材维护管理应当包括下列内容：

1. 乡镇人民政府应将消防设施器材维护管理列入议事日程，与村镇公共基础设施同步建设、同步发展。

2. 消防设施器材的维护管理应明确责任部门和具体人员，落实经费，定期维护，确保完整好用。

3. 乡镇人民政府有关部门应当按照职责分工，协助做好消防设施器材维护管理工作。

4. 消火栓、灭火器、火灾自动灭火系统、自动报警系统等消防设施器材严禁停用、挪用或圈占。

5. 定期组织检查辖区消防设施器材情况，建立档案台账。

6. 消防设施器材维护管理应纳入消防工作年度检查考核内容。

（六）消防车辆管理制度

为加强消防车辆维护保养，确保完整好用，应建立消防车辆管理制度。

乡镇人民政府专职消防队、志愿消防队消防车辆管理应当包括下列内容：

1. 车库实行严格管理，禁止外来无关人员进出入车库，卫生干净整洁，物品摆放有序。

2. 车库门前严禁停放车辆或堆放杂物，保证车道畅通。

3. 消防员和驾驶员应每天对车辆器材装备进行维护保养，发现异常情况及时处理。

4. 专人负责管理车辆钥匙，听到出动信号后驾驶员应及时将车辆驶出车库。

5. 消防车辆应确保油、水、电、气充足。出警归来后应及时补充消耗的灭火剂和器材装备，迅速恢复战备状态。

（七）监督考评制度

为督促推动农村消防安全工作，切实落实各级消防工作职责，应建立监督考评制度。乡镇人民政府消防工作监督考评制度应当包括下列内容：

1. 结合辖区消防安全形势和实际情况，适时组织开展消防工作检查。

2. 提前制定监督考评方案，明确人员组成和检查范围。

3. 监督考评由政府领导或有关部门领导带队，有关部门派员参加。

4. 监督考评内容包括消防法律法规贯彻执行、消防安全责任制落实、消防安全宣传教育、重点区域和场所消防安全等情况。

5. 监督考评的情况应认真总结，及时通报。

（八）火灾事故应急处置制度

为最大限度减少火灾损失，保障人民群众生命财产安全，应建立火灾事故应急处置制度。乡镇人民政府火灾事故应急处置制度应当包括下列内容：

1. 结合实际制定火灾事故应急处置预案，并定期组织演练。

2. 乡镇人民政府负责人接到火灾事故报告后，应立即赶赴事故现场协助组织灭火工作。

3. 根据扑救火灾需要，组织人员、调集所需物资支援灭火。

4. 按照国家有关规定迅速、如实发布火灾事故消息。

5. 及时做好火灾事故善后处理工作。

（九）火灾事故责任追究制度

为严格落实消防安全责任制，有效预防火灾事故，应建立火灾事故责任追究制度。乡镇人民政府火灾事故责任追究制度应当包括下列内容：

1. 乡镇人民政府应当根据消防工作目标和任务，层层落实消防安全责任制。

2. 对发生的火灾事故，按照"四不放过"（事故原因不查清不放过、事故责任者得不到处理不放过、整改措施不落实不放过、教训不吸取不放过）

的原则，实行责任倒查。

3. 对火灾事故组织扑救不及时，造成严重后果的，依照规定予以处理。

4. 发生火灾事故造成人身伤亡的，对有关责任人依法依纪追究责任。

（十）档案管理制度

为加强辖区消防安全管理，服务消防工作，应建立档案管理制度。乡镇人民政府消防工作档案管理应当包括下列内容：

1. 设立消防工作档案室或档案柜，明确专人负责，统一管理。

2. 档案材料应装订成册，分类存放。有条件的应使用计算机建立电子档案台账。

3. 消防工作档案主要包括以下内容：

（1）辖区消防工作基本情况。

（2）消防工作制度。

（3）消防工作会议、文件。

（4）公共消防设施及装备建设与维护管理情况。

（5）消防安全宣传教育情况。

（6）火灾事故及处理情况。

（7）多种形式消防队伍的建设、训练和管理情况。

（8）消防安全检查情况。

（9）考评和奖惩情况。

4. 档案资料应及时归档，防止丢失。

二、村民委员会的消防工作制度

根据消防安全管理工作实际，村民委员会应建立健全消防工作制度。

（一）会议制度

村民委员会消防工作会议制度应当包括下列内容：

1. 村民委员会可每月召开一次消防工作会议，召开的时间、地点和会议议题由村民委员会确定，村民委员会成员或村民小组组长等参加。

2. 根据工作需要，村民委员会可临时组织召开消防工作会议。

3. 会议议题主要包括：通报消防安全情况，提出防火措施要求，部署落实政府消防工作任务等。

4. 做好会议记录，存档备查。与会人员应按照会议要求，抓好落实。

5. 村民委员会应及时检查会议议定事项的落实情况。

（二）防火安全检查制度

村民委员会防火安全检查制度应当包括下列内容：

1. 结合村庄实际和火灾规律，组织防火安全检查。

2. 制定检查计划，明确任务分工。

3. 村民消防工作领导小组组织防火安全检查，小组成员及有关人员参加。

4. 及时督促整改检查发现的火灾隐患。

5. 认真总结防火安全检查情况，并通过村民会议、村民代表会议等方式向全村通报。

（三）消防安全联防制度

村民委员会消防安全联防制度应包括下列内容：

1. 根据村民居住状况，以村民小组、家庭为单位，实行消防安全区域联防和多户联防。

2. 消防安全区域联防和多户联防组织应定期开展消防安全互查互督，及时消除火灾隐患。

3. 根据实际情况制定灭火应急预案，明确消防安全区域联防和多户联防组织的职责，定期组织灭火应急疏散演练。

4. 发生火灾事故时，消防安全区域联防和多户联防组织应立即组织扑救火灾、疏散人员物资。

5. 加强火灾预警，提高消防安全区域联防和多户联防应急能力。

（四）宣传教育制度

村民委员会消防宣传教育制度应当包括下列内容：

1. 农村消防宣传工作应纳入议事日程，制定年度计划。

2. 在农业收获季节、森林和草原防火期间、传统节假日和重大节日期间以及火灾多发季节，应当组织开展有针对性的消防宣传教育。

3. 农村主要路口、办公区等场所应设立固定消防宣传教育橱窗、专栏和防火安全标识。

4. 组织印制消防宣传手册、村民防火公约和消防安全提示性单张，并向村民发放。

5. 通过村民会议、村民代表会议等形式组织消防知识培训。

（五）火灾隐患举报制度

村民委员会火灾隐患举报制度应当包括下列内容：

1. 确定本辖区火灾隐患举报电话、信箱或互联网地址，并向全村公布。

2. 任何个人发现火灾隐患均可向村民委员会或政府有关部门举报、投诉。

3. 认真受理火灾隐患的举报、投诉，处理结果应及时通知举报、投诉人。不属于村民委员会范围内的，报告有关部门处理。

4. 举报、投诉人要求对火灾隐患举报事项保密的，应为其保密。

（六）消防设施器材维护管理制度

村民委员会消防设施器材维护管理应当包括下列内容：

1. 消防设施器材维护管理应列入议事日程，与农村公共基础设施同步建设、同步发展。

2. 消防设施器材的维护管理应明确人员，落实经费，定期维护，确保完整好用。

3. 定期组织检查辖区消防设施器材情况，建立档案台账。

4. 消防设施器材维护管理应纳入日常消防工作检查内容。

（七）消防车辆管理制度

村民委员会专职消防队、志愿消防队消防车辆管理应当包括下列内容：

1. 车库实行严格管理，禁止外来无关人员进出入车库，卫生干净整洁，物品摆放有序。

2. 车库门前严禁停放车辆或堆放杂物，保证车道畅通。

3. 消防员和驾驶员应每天对车辆器材装备进行维护保养，发现异常情况及时处理。

4. 专人负责管理车辆钥匙，听到出动信号后驾驶员应及时将车辆驶出车库。

5. 消防车辆应确保油、水、电、气充足。出警归来后应及时补充消耗的灭火剂和器材装备，迅速恢复战备状态。

（八）火灾事故应急处置制度

村民委员会火灾事故应急处置制度应当包括下列内容：

1. 结合实际制定火灾事故应急处置预案，并定期组织演练。

2. 村民委员会负责人接到火灾事故报告后，应立即赶赴事故现场协助组织灭火工作。

3. 根据扑救火灾需要，组织人员、调集所需物资支援灭火。

4. 按照国家有关规定迅速、如实发布火灾事故消息。

5. 协助做好火灾事故善后处理工作。

（九）档案管理制度

村民委员会消防工作档案管理应当包括下列内容：

1. 消防工作档案应明确专人负责，装订成册，统一管理。

2. 消防工作档案主要包括以下内容：

（1）村庄消防工作基本情况。

（2）消防工作制度。

（3）消防工作会议。

（4）公共消防设施及消防器材情况。

（5）防火安全检查情况。

（6）消防宣传教育情况。

（7）火灾事故情况。

3. 档案资料应及时归档，防止丢失。

第四节　组织实施

农村消防安全管理工作应按照社会主义新农村建设的总体部署，加强领导，落实责任，加大投入，强化监督，严格检查，确保工作实效。

一、加强消防工作领导

乡镇人民政府应加强消防工作领导，村民委员会积极协助，推动农村消防安全管理工作顺利开展。

（一）乡镇人民政府统一领导

乡镇人民政府应依法履行消防工作职责，按照"政府统一领导"的消防工作原则，全面统筹、有效开展本行政区域内的消防安全管理工作。

1. 完善消防安全管理机制

乡镇人民政府应结合实际，规范消防安全委员会、消防工作联席会议等消防安全管理机构的运作机制。通过召开会议、印发文件等措施，明确消防安全管理机构的工作职责，重点围绕组织协调、宣传教育等职责开展消防安全管理工作。通过制定会议制度、消防安全检查制度、消防宣传教育制度、责任考评制度等一系列工作制度，确保消防工作有序开展。

2. 制定实施消防工作计划

乡镇人民政府对年度或阶段性的消防工作，应制定计划，明确目标；定期召开会议，分析消防安全形势，提出预防火灾措施。

3. 指导村民委员会消防工作

乡镇人民政府可采取集中培训、以会代训、实地指导、监督检查等方式，定期指导村民委员会开展群众性消防工作，不断提高农村消防安全管理水平。

（二）村民委员会组织管理

村民委员会应加强农村消防工作的组织管理，组织开展群众性的消防工作，积极发展农村公共消防事业，不断提高消防安全"自我管理、自我教育、自我服务"的水平。

1. 自我管理

村民委员会应充分发挥村民会议、村民代表会议的作用，完善防火安全村规民约，督促村民遵守。村民消防工作领导小组应建立健全工作会议、防火安全检查、消防安全联防等各项工作制度，规范消防工作运行机制。村庄消防安全管理人应定期组织防火安全检查，督促落实消防安全联防制度，加强多种形式消防队伍的管理和训练，组织火灾扑救，不断提高农村抗御火灾的能力。

2. 自我教育

村民委员会应将消防宣传工作纳入年度工作计划，协助乡镇人民政府有针对性地开展消防宣传教育工作。确定专（兼）职消防安全员，具体抓好消防安全宣传工作。组织多种形式消防组织结合日常工作进行消防安全宣传教育。在村庄、渔港码头设置固定的消防宣传栏、宣传标语，宣传消防法律、法规和消防安全知识，不断提高村民消防安全意识。

3. 自我服务

村民委员会可实行多户联防、轮流值班开展消防安全提示和检查，增强村民自防自救能力。协助有关部门采取入户宣传、安全检查巡视等措施，落实农村老弱病残等特殊人群的消防安全监护。因地制宜建设公共消防设施，在发展农村公共事业、建设农村基础设施时，要一并考虑村庄消防水源、消防车通道等公共消防设施，努力与新农村建设协调发展。

二、建立健全消防安全责任制

乡镇人民政府、村民委员会应依法落实消防安全责任制，努力构建"党委政府统一领导、部门齐抓共管、村民委员会组织管理、村民共同防范"的消防安全责任网络。

（一）落实消防安全责任

乡镇人民政府应采取每年与所属各村民委员会签订责任书等形式，对阶段性工作或者某一具体消防工作任务做出部署，落实消防安全责任制和岗位责任制。村民委员会应通过防火安全公约，明确村办企业和村民的消防安全责任和义务，督促村办企业和村民学习消防安全知识，遵守消防法律法规，维护公共消防安全。乡镇人民政府、村民委员会负责人应依法履行消防安全管理职责，定期安排部署消防工作，组织制定各项火灾防范措施。

（二）建立责任追究机制

发生影响较大的火灾事故，应进行火灾事故责任追究，实行消防安全责任倒查和逐级追查，做到事故原因不查清不放过、事故责任者得不到处理不放过、整改措施不落实不放过。触犯法律的，依法追究社会单位主要负责人、有关人员和乡镇人民政府、村民委员会有关人员的法律责任。

三、组织消防安全检查

乡镇人民政府、村民委员会应加强日常的消防安全检查，及时发现和消除火灾隐患，积极预防火灾事故的发生。

（一）乡镇人民政府的消防安全检查

1. 检查的形式

消防安全检查采取乡镇人民政府领导带队、部门联合等形式，也可成立专门检查组进行，检查频次应根据实际确定；在农业收获季节、森林和草原防火期间、传统节假日和重大节日期间以及火灾多发季节，应采取防火措施，开展有针对性的消防安全检查。

2. 检查的内容

在农业收割季节、捕捞休渔期、春节、元宵节、清明节和乡村民俗活动等重点时期，应加强以村庄、驻乡镇和村庄的企业、"城中村"、"出租屋"、"三合一"场所、旅游宗教和民俗活动场所以及小商店、小旅馆、小饭店、小档口、小作坊、小娱乐场所等为重点的消防安全检查。检查的内容主要包括：农村场院及粮库等储粮单位的火源和电源管理情况；森林、草原生产经营单位和个人建立防火安全责任制、配备防火设施设备、落实防火措施的情况；单位或场所消防安全管理等制度的制定和落实情况；单位或场所火灾隐患的整改及防范措施的落实情况；单位员工的消防宣传教育和消防培训情况；单位或场所的灭火器材配备和维护情况；火源、电源、气源的管理情况；其他危害公共消防安全的火灾隐患情况。

3. 检查的程序

乡镇人民政府应根据辖区消防安全状况，确定消防安全检查的重点区域、重点单位及重点部位，合理制定并实施检查计划。对检查发现的火灾隐患，应及时采取措施、督促整改。对拒不整改的，应移交公安机关消防机构、公安派出所等执法机构依法处理。对消防安全检查的情况特别是影响公共安全的火灾隐患，可以通过适当方式向社会公告，提示群众注意消防安全。

乡镇人民政府消防安全检查的工作流程如图2-4-1所示。

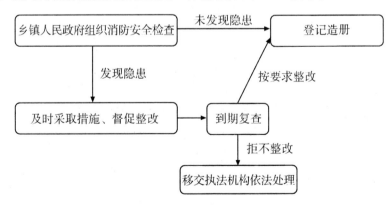

图2-4-1　乡镇人民政府消防安全检查的工作流程

（二）村民委员会的防火安全检查

村民委员会应根据乡镇人民政府的工作部署和实际需要进行防火安全检查。

1. 检查的形式

村民委员会派员参加乡镇人民政府组织的消防安全检查，或根据实际需要自行组织防火安全检查。自行组织的防火安全检查由村民委员会负责人带队，消防安全管理人员、专（兼）消防队或志愿消防队队员等人员参加。

2. 检查的内容

村民委员会检查的内容主要包括：村庄消防水源、消防车通道等公共消防设施的建设管理情况；村庄的柴草、麦秸等可燃物品的堆放以及火源、电源、气源的管理情况；单位或场所消防安全情况等。

3. 检查的程序

根据村庄实际，制定并实施检查计划。检查发现的火灾隐患应及时采取措施、督促整改。对拒不改正的，应经村民委员会研究后及时上报乡镇人民政府协调处理。对影响公共安全的火灾隐患，可以通过村民会议、村民代表会议督促整改，并向全村通报，提示村民注意消防安全。

村民委员会防火安全检查工作流程如图2-4-2所示。

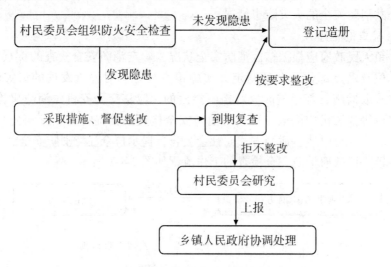

图 2-4-2　村民委员会防火安全检查工作流程

（三）村民小组的防火安全巡查

村民小组的防火安全巡查包括村民小组的区域联防巡查和多户联防巡查。区域联防巡查一般由 2 个以上村民小组组成，多户联防巡查一般由 7 至 10 个毗邻家庭组成一个火灾预防单元，轮流值班开展消防安全提示和检查，发现火灾隐患及时督促整改。

四、强化消防安全监管

乡镇人民政府、村民委员会应加强消防安全源头控制，落实人防、物防、技防措施，最大限度消除火灾隐患，不断改善农村的消防安全环境。

（一）把好消防安全源头关

乡镇人民政府应严格把好农村新建、扩建、改建项目的消防安全关，推广适合农村特点和当地消费水平的阻燃、耐火建材，提高建筑耐火等级。对未按规定审批或不符合消防安全布局要求的建设项目，应及时通报有关行政主管部门依法查处，防止产生新的火灾隐患。

（二）排查整治火灾隐患

乡镇人民政府、村民委员会应结合本地火灾特点和工作实际，积极开展火灾隐患排查整治，切实增强隐患整治工作的针对性和实效性。

1. 对易燃建筑密集区的排查整治

乡镇人民政府、村民委员会应结合村庄整治和人居环境改造，制定易燃建筑密集区的整治方案，确定整改期限和整改措施，分期分批实施改造，拆除危房，拓宽防火间距，打通消防通道。

2. 对易燃易爆场所的排查整治

对不符合乡村消防安全布局的生产、经营、使用、储存易燃易爆危险品的场所，经检查发现隐患的，应及时通报安全生产监督管理部门、公安机关治安部门和消防机构，组织有关部门和单位，采取措施，督促整改。

3. 对"三合一"场所的排查整治

随着民营经济的快速发展，生产、储存、经营场所与住宿场所设置在同一建筑内的"三合一"场所大量出现。乡镇人民政府和村民委员会应按照"因地制宜、分类指导、疏堵结合、以疏为主"的工作原则，广泛宣传"三合一"场所火灾隐患的重大危害，发动人民群众参与到整治工作中来。对"三合一"场所火灾隐患，要采取措施、督促整改；对拒不整改的，移送公安机关消防机构依法查处；对无照经营的，要及时通报工商部门依法予以取缔。建立健全火灾隐患举报、奖励和通报曝光等"三合一"火灾隐患整治的长效机制，防止"三合一"场所火灾隐患反弹。

4. 对"城中村"的排查整治

随着城市化过程的加快，目前，我国一些城市的建成区内圈容了一些农舍，构成了都市里的村庄，俗称"城中村"。这些"城中村"和一些老街区一样，普遍存在消防安全问题。主要是消防安全布局不合理，建筑耐火等级低，防火间距不足，消防通道不畅，公共消防设施匮乏。一些小场所违规用火、用电、用油、用气，火灾事故时有发生。乡镇人民政府、村民委员会应结合村庄整治和旧村庄、旧厂房改造等工程，制定整改计划，通过招商引资、政府投入等方式，发动社会力量，共同治理"城中村"消防安全问题。

（三）落实技术防范措施

《中华人民共和国消防法》第七条规定，推广使用先进的消防和应急救援技术、设备。乡镇人民政府、村民委员会在消防安全监管工作中，应积极推广应用独立式火灾探测报警器、简易自动喷水灭火系统、报警逃生门锁等有利于早期报警、早期控火和快速逃生的技术和产品；督促"三合一"等生产经营场所落实防火防烟分隔措施，增设安全出口和疏散通道，开设逃生口、逃生窗，改善消防安全条件，遏制火灾伤亡事故。

五、落实消防经费保障

《国务院关于进一步加强消防工作的意见》（国发［2006］15号）要求，各级人民政府要将消防工作纳入国民经济和社会发展总体规划，增加财政投入，认真组织实施。农村消防工作经费应采取财政分级保障、农村自主筹资、社会捐助等方式，多渠道增加投入，确保农村消防安全管理工作顺利进行。

（一）财政分级保障

各级人民政府应将农村消防工作经费纳入财政预算，并随经济增长逐年增加投入；乡镇人民政府应根据经济社会发展需要，加大消防投入，落实乡镇和村庄消防规划编制、消防宣传、消防供水、消防车通道、多种形式消防队伍、器材装备建设等经费，不断提高公共财政对农村消防工作的保障水平。

（二）自主筹资保障

村民是农村消防工作的直接受益者和主要参与者。应充分调动农村自治组织、村民参与农村消防工作的主动性和积极性，由村民会议或村民代表大会通过筹资筹劳方式，自主筹集消防经费，用于多种形式消防队伍日常运作、器材装备配备、公共消防设施维护管理和消防安全宣传教育工作。

（三）社会捐助保障

社会捐助应根据自愿的原则，通过企业、个人捐助等形式，积极筹集金融、工商企业及民间资本、社会资金作为消防经费，用于农村消防建设。

六、责任考评

乡镇人民政府应当根据实际需要，对所属各村民委员会履行消防工作职责的情况进行定期考评。

（一）考评的内容

1. 依法履行消防工作职责情况。

2. 协助乡镇人民政府以及公安机关等部门加强消防宣传教育的情况。

3. 制定防火安全公约、确定消防安全管理人、督促村民遵守的情况。

4. 开展防火安全检查的情况。

5. 结合实际建立多种形式消防组织、开展群众性消防工作的情况。

6. 村庄消防水源、消防车通道、消防器材的使用、维护和管理等情况。

（二）考评的形式和方法

考评每年至少进行一次，由乡镇人民政府统一部署实施，按以下形式和方法组织开展：

1. 提出年度考评工作计划及方案，明确具体检查项目和评分标准。

2. 考评组由乡镇人民政府领导担任组长，有关部门人员参加。

3. 提前将考评时间、内容及要求通知村民委员会。

4. 考评组应听取村民委员会的工作汇报，查阅消防工作有关资料、记录和档案，并实地检查消防工作开展情况。

5. 考评组应根据检查的情况，对照标准，实事求是、客观公正地评分，并将考评情况予以反馈。

6. 对考评组提出的问题，村民委员会应及时提出整改方案并报乡镇人民政府。

责任考评结果作为评价村民委员会消防工作的依据，纳入各项评先评优的内容。

【思考题】

1. 农村消防工作由谁管理？

2. 乡镇人民政府有哪些消防安全管理职责？

3. 村民委员会有哪些消防安全管理职责？

4. 如何组织实施农村消防安全管理？

第三章 乡村消防规划

党的十六届五中全会提出，要按照生产发展、生活富裕、乡风文明、村容整洁、管理民主的要求，建设社会主义新农村。建设新农村的重要任务之一，就是积极推进城乡统筹，大力发展农村公共事业。中央强调，要加大各级政府对农业和农村投入的力度，扩大公共财政覆盖农村的范围，逐步解决农村公共服务严重滞后的问题，逐步使农民与城市居民一样，公平享有均等化公共服务。为有序实现上述目标，协调城乡空间布局，促进城乡经济社会全面协调可持续发展，必须加强乡村规划管理。

第一节 乡村消防规划的编制

乡村消防规划是乡村规划的重要组成部分，属乡村规划中的强制性内容。编制乡村消防规划应当符合《中华人民共和国城乡规划法》、《中华人民共和国消防法》、《中共中央国务院关于推进社会主义新农村建设的若干意见》（中发〔2006〕1号）、《国务院关于进一步加强消防工作的意见》（国发〔2006〕15号）和中央社会治安综合治理委员会办公室、公安部、国家发展和改革委员会、民政部、财政部、住房和城乡建设部、农业部等七部委《加强社会主义新农村建设消防工作的指导意见》（公通字〔2007〕34号）等法规、文件以及地方法规的相关规定。

一、城乡规划

《中华人民共和国城乡规划法》所称城乡规划，包括城镇体系规划、城市规划、镇规划、乡规划和村庄规划。

城乡规划是对一定时期内城乡发展目标、发展规模、土地利用、空间布局以及各项建设的综合部署和实施措施，是政府指导和调控城乡建设发展的基本手段，是指导城乡发展与建设、维护社会公平、保障公共安全和公众利益的重要公共政策。

（一）规划区

规划区是指城市、镇和村庄的建成区以及因城乡建设和发展需要，必须实行规划控制的区域。规划区的具体范围由有关人民政府在组织编制的城市总体规划、镇总体规划、乡规划和村规划中，根据城乡经济社会发展水平和统筹城乡发展的需要划定（见图3-1-1）。

图 3-1-1　某城乡规划区范围

（二）乡规划和村规划

县级以上地方人民政府根据本地农村经济社会发展水平，按照因地制宜、切实可行的原则，确定应当制定乡规划、村庄规划的区域。在确定区域内的乡和村庄，应当依法制定和实施规划。规划区内的乡、村庄建设应当符合规划要求。县级以上地方人民政府鼓励、指导确定区域以外的乡、村庄制定和实施规划（见图3-1-2）。

图 3-1-2　某乡村规划

（三）消防规划

消防规划是城乡规划中以抗御火灾和处置特种灾害事故为目标，协调和综合部署城乡消防安全布局、公共消防设施和消防装备建设的一项专业规划，是城乡规划中防灾减灾、保障社会公众利益和公共安全的重要组成部分，包括城市消防规划、镇消防规划、乡消防规划和村庄消防规划。

1. 制定和实施乡村消防规划的必要性

从统筹城乡发展的角度看，当前我国农村公共消防设施建设严重滞后于经济社会发展。特别是随着农村产业结构调整和城市化进程加快，乡镇企业和民营经济不断发展壮大，但是很多乡村消防基础设施建设、消防力量发展、消防安全管理等并没有随着经济快速发展而同步发展。乡村火灾隐患多，抗御火灾事故的能力十分薄弱，火灾扑救力量严重不足。同时，一些乡村对消防工作不重视，消防安全责任和防范措施不落实，消防安全教育培训几乎是"空白"，村民和进城务工人员消防安全意识淡薄，普遍缺乏自救逃生基本技能。在我国59.9万个建制村中，普遍缺乏消防机动泵等基本消防器材，部分村庄消防水源匮乏，绝大多数村庄没有消防力量，重特大火灾时有发生，许多农民因火灾致贫、返贫，影响了农业经济发展和农村社会稳定。因此，必须结合农村经济社会发展和产业结构调整，充分考虑防灾减灾和公共安全的需要，因地制宜，发挥村民自治组织的作用，制定和实施乡村消防规划，引导村民合理建设和防灾减灾有关的供水、供电、供气、道路等基础设施和公共服务设施，发展壮大多种形式的乡村消防力量，提升乡村抗御火灾的能力。

2. 制定和实施乡村消防规划的依据

《中华人民共和国城乡规划法》第四条规定："制定和实施城乡规划，应当遵循城乡统筹、合理布局、节约土地、集约发展和先规划后建设的原则，改善生态环境，促进资源、能源节约和综合利用，保护耕地等自然资源和历史文化遗产，保持地方特色、民族特色和传统风貌，防止污染和其他公害，并符合区域人口发展、国防建设、防灾减灾和公共卫生、公共安全的需要。"《中华人民共和国消防法》第三十条规定："地方各级人民政府应当加强对农村消防工作的领导，采取措施加强公共消防设施建设，组织建立和督促落实消防安全责任制。"《国务院关于进一步加强消防工作的意见》（国发〔2006〕15号）第八条规定："切实加强公共消防设施建设。地方各级人民政府要结合实际编制城乡消防规划，确保公共消防设施建设与城镇和乡村建设同步实施；对缺少消防规划或消防规划不合理的城市总体规划、乡村和集镇建设规划，不得批准。对公共消防设施不能满足灭火应急救援需要的，要及时增建、改建、配置或者进行技术改造；要按照消防规划改造供水管网、修建消火栓、消防水池和天然水源取水设施，确保消防用水。"

3. 编制实施乡村消防规划的基本原则

编制实施乡村消防规划，是提高农村抗御火灾能力的重要基础性工作。其基本原则是：坚持统筹规划，消防工作与新农村建设整体推进；坚持配套建设，公共消防设施与新农村公共基础设施同步建设；坚持综合治理，夯实农村火灾防控基础；坚持典型引路，积极总结推广经验和做法；坚持因地制宜，从实际出发开展农村消防工作。

二、编制乡村消防规划的责任主体

《中华人民共和国城乡规划法》规定，县级以上地方人民政府城乡规划主管部门负责本行政区域内的城乡规划管理工作。各级人民政府应当将城乡规划的编制和管理经费纳入本级财政预算。

（一）责任主体

消防规划是城乡规划中的专项规划，乡镇人民政府是编制乡村消防规划的责任主体，负责组织编制乡消防规划、村庄消防规划，提供编制和管理经费，并委托具备相应规划资质等级的单位承担规划的编制工作。具体的操作，应以政府的规划行政主管部门为主，有关部门和县级公安机关消防机构予以配合协助。

（二）法律责任

对依法应当编制城乡规划而未组织编制，或者未按法定程序编制、审批、修改城乡规划的，由上级人民政府责令改正，并通报批评；对有关人民政府负责人和其他直接责任人员依法给予处分。

乡镇人民政府委托不具有相应资质等级的单位编制城乡规划的，由上级人民政府责令改正，并通报批评；对有关人民政府负责人和其他直接责任人员依法给予处分。

三、消防规划成果

消防规划成果一般应包括以下内容（见图3-1-3）：

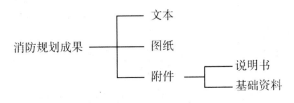

图3-1-3　消防规划成果构成

1. 文本

文本是对规划的各项目标和内容提出规定性要求的文件。

2. 规划图纸

规划图纸是用图像表达消防力量、消防基础设施现状和文本的规划设计内容。

3. 附件

附件包括说明书和基础资料。说明书是对规划文本的具体解释。

四、基础资料

编制乡村消防规划必须首先调查分析相关基础资料，确定规划区在消防安全方面存在的重大问题，研究预测乡村在规划期内对消防安全的要求。要根据建设社会主义新农村的具体目标和任务，分析乡村近十年的火灾四项指数，针对火灾发生的原因、场所，针对人员伤亡多、财产损失大的场所，针对不同地域、不同民族习俗的建筑特点和生活习惯，确定必须解决的消防安全问题。

编制乡村消防规划所需基础资料可根据实际情况简化或调整，一般应具备以下基础资料：

（1）乡镇人民政府有关编制乡和村庄消防规划的决定。

（2）乡和村庄历史资料。包括乡和村庄历史沿革、与消防有关的资料等。

（3）乡和村庄近十年一般火灾、较大火灾、重大火灾、特别重大火灾情况及分析。包括同一时间内的火灾次数，一次灭火用水量；一般火灾、较大火灾、重大火灾、特别重大火灾起数、延续时间、起火原因、起火建筑物耐火等级、直接财产损失、人员伤亡等。

（4）消防安全重点单位概况。主要包括各级消防安全重点单位所属行业、数量、火灾危险性、分布地点等。

（5）公安、企事业专职消防队、政府专职消防队、民办消防队布局、人员及装备。

（6）有关勘察资料。主要包括规划区地下水资源，地震烈度区划，所在地区断裂带的分布及活动情况，不同地段的滑坡、崩塌等基础资料。

（7）有关测量资料。主要包括平面控制网和高程控制网，地下工程、地下管网等专业测量图等。

（8）气象资料。主要包括温度、湿度、降水、风向、风速、冰冻等基础资料。

（9）水文资料。主要包括江、河、湖泊、水库的水位、流量、流速、水量、洪水淹没线、河道整治规划等。山区应收集山洪、泥石流等基础资料。

（10）经济发展资料。主要包括生产总值、财政收入、固定资产投资、产业结构及产值构成等有关资料。

（11）常住人口、暂住人口、自然增长和机械增长数；消防宣传、消防科普知识传播、村民消防安全意识等资料。

（12）党政、经济、社会、科技、文教、卫生、商业、金融、涉外等机构以及人民团体的现状和规划资料。

（13）工矿企事业单位的现状及规划资料。主要包括生产、储存危险化学物品工厂、仓库的分布、规模、生产和储存火灾危险性，现状和发展预测。

（14）建筑物现状资料。现有大型商场、集贸市场、影剧院、医院、卫生院、中小学校、幼儿园、托儿所、敬老院、福利院等公共建筑；高层建筑、以易燃建筑材料为主体的连片集中建筑的规模、耐火等级、分布状况、消防安全方面存在的问题等。

（15）其他工程设施资料。主要包括市政工程、公用事业设施现状位置与规模、管网系统及其容量，消防安全方面存在的主要问题。

（16）园林、绿地、风景名胜、文物古迹、传统民居、优秀近代建筑等资料。

五、编制

编制乡村消防规划，应当在充分收集和分析相关资料的基础上，坚持统筹兼顾、科学合理的原则，以科学发展观为指导，遵循消防工作的客观发展规律，回顾过去、审视现状并预测未来。要以《中华人民共和国城乡规划法》、《中华人民共和国消防法》、《村庄和集镇规划建设管理条例》、《村庄整治技术规范》和《农村防火规范》等法律法规、技术规范和本地区城镇体系规划、城市规划、镇规划、乡规划和村庄建设规划为依据，贯彻以人为本的理念，从统筹城乡经济社会发展的实际情况出发，按照城乡发展总体目标和相应的消防安全要求，充分结合城乡形态特点，优化、整合城乡公共消防基础设施资源，积极采用先进的规划设计方法和技术手段，广泛征求意见，并进行充分论证，寻求火灾风险、消防安全措施和经济能力之间的最佳平衡方案，确保乡村消防规划的先进性、前瞻性和可操作性。

编制乡村消防规划一般分为纲要和规划两个阶段。消防规划纲要成果以文字为主，辅以必要的发展示意性图纸。可根据实际情况决定是否编制纲要。

（一）消防规划纲要的任务

消防规划纲要的任务是研究确定消防规划的重大原则，根据当地自然、历史、现状情况，确定消防发展的战略部署。纲要经乡镇人民政府同意后作为编制消防规划的依据。

（二）消防规划纲要的主要内容

消防规划纲要一般应包括论证消防发展的技术经济依据和发展条件、拟定发展目标、论证并原则确定消防基础设施的总体布局和规模以及实施消防规划的重要措施等主要内容。

（三）乡村消防规划的任务

乡村消防规划的任务是综合研究并确定乡和村庄消防力量的功能、构成和发展目标，统筹安排危险化学物品生产和储存用地，合理配置各项消防基础工程设施，并保证每个阶段的发展目标、发展途径、发展程序的优化和布局结构的科学性，引导控制消防基础建设合理发展。

（四）乡村消防规划的范围和期限

乡村消防规划的范围和期限宜与乡规划、村庄规划一致。规划范围与规划区相同，规划期限一般为二十年。一般情况下，应对近期五年内的乡村消防发展布局、主要建设项目和建设时序作出具体安排，并对乡村远景发展作出预测性布置。

（五）乡村消防规划的内容

编制乡村消防规划应遵循《中华人民共和国城乡规划法》和消防法律法规，符合国家有关技术标准规范的规定，符合农村实际，尊重村民意愿，体现地方和农村特色。乡村消防规划的内容应当包括与防灾减灾相关的道路、供水、供电等各项公益事业建设的具体安排。其目的是有计划地实现农村消防工作机制健全，公共消防设施逐步完善，多种形式消防队伍基本建立，村民消防安全意识普遍增强，农村消防安全条件明显改善，农村防控火灾能力明显提高，有效预防和遏制重特大火灾发生的目标。

1. 消防安全布局

消防安全布局是指为了保障城乡建设的安全发展，确保国家、集体和个人财产的安全，在制定乡村消防规划时，根据当地的常年风向、气候、天然水源和地理环境等因素，从消防安全的角度，对乡村的发展布局、功能分区等提出规范要求，确定生产、储存、装卸危险化学物品的工厂以及仓库的用地范围、规模和总体布局。

（1）生产和储存易燃易爆危险品的工厂、仓库应单独布置在规划区常年主导风向下风或侧风方向的村庄边缘或相对独立的安全地带。严重影响村庄安全的工厂、仓库、堆场、储罐等必须迁移或改造，采取限期迁移或改变生产使用性质等措施，消除不安全因素。

（2）生产和储存易燃易爆危险品的工厂、仓库、堆场、储罐与居住、医疗、教育、集会、娱乐、市场之间的防火间距不应小于50米。烟花爆竹生产工厂的布置应符合现行国家标准《民用爆破器材工厂设计安全规范》（GB50089）的要求。

（3）合理确定输送甲、乙、丙类液体，可燃气体管道的位置，严禁在其干管上修建任何建筑物、构筑物或堆放物资。

（4）合理择定液化石油气供应站瓶库、汽车加油站和煤气、天然气调压站、沼气池及沼气储罐的位置。燃气调压设施或气化设施四周安全间距需满足燃气输配的相关规定。

（5）居住区和生产区距林区或草原边缘的距离不宜小于300米。打谷场和易燃、可燃材料堆场，汽车、大型拖拉机车库，村庄的集贸市场或营业摊点的设置应符合现行国家标准《农村防火规范》（GB50039）的有关规定。

2．专职和志愿消防队

确定规划期内政府专职消防队、单位专职消防队和志愿消防队的布局以及消防站的类型、装备和发展目标。建立适合农村特点的各类地方政府专职、乡镇企业自办及村办等多种形式的消防队伍，在农村形成以国家重点镇及经济发展较快的建制镇政府专职消防队为中心、其他乡村消防力量为补充的消防队伍网络，提高农村抗御火灾的能力。

3．消防基础设施

确定避灾疏散场所、消防车道、消防给水（包括水源选择、供水能力、取水方式、输水管网布置、江河湖泊天然水系的利用）等公共消防设施的发展目标和总体布局。坚持配套建设，公共消防设施与新农村公共基础设施同步建设。结合建设农村公路、人畜饮水、农村电网、农村沼气、信息工程、渔港等农村公共基础设施，综合考虑消防安全需要。对设有自来水管网的，要按相关技术标准安装配置室外消火栓；对使用天然水源的，要建设消防取水设施；对农村散居住户及缺水地区，要因地制宜，解决消防用水。

（1）人口密集聚居的村庄应综合考虑各种灾害的防御要求，结合村庄的晾晒场地、空旷地、绿地或其他建设用地统筹综合安排避灾疏散场所与避灾疏散道路。避灾疏散场所与周围易燃建筑的防火间距不应小于30米。村庄道路出入口数量不宜少于2个，1000人以上的村庄与出入口相连的主干道路有效宽度不宜小于7米，避灾疏散场所内外的避灾疏散主通道的有效宽度不宜小于4米。

（2）消防车道可利用交通道路，应与其他公路相连通。消防车道净宽不宜小于4米，转弯半径不宜小于8米；当管架、栈桥等障碍物跨越消防车道时，净高不应小于4米。消防车道宜成环状布置或设置平坦的回车场。尽端式消防回车场不应小于15米。

（3）村庄具备给水管网供水条件时，宜采用消防、生产、生活合一的供水系统，管网及消火栓的布置、水量、水压应符合现行国家标准《建筑设计防火规范》（GB 50016）及农村建筑防火的有关规定；利用给水管道设置消火栓，间距不应大于120米。

（4）村庄不具备给水管网供水条件时，应利用河湖、池塘、水渠等天然水源解决消防供水，同时应保证枯水期最低水位和冬季消防用水的可靠性。

（5）给水管网或天然水源不能满足消防用水时，宜设置消防水池或水塘，容积应满足消防用水量的要求；寒冷地区的消防水池或水塘应采取防冻措施。

（6）利用天然水源、消防水池或水塘做消防水源时，应配置消防泵或手抬机动泵等消防供水设备，并建设消防取水设施（见图3-1-4）。

4. 整治火灾隐患

确定各类建设用地内适建、不适建、有条件可建的建筑类型，规定防火防爆间距，防止将火灾危险性大的生产企业从城市转移到村民聚居区。村庄厂房、库房和民居的耐火等级、允许层数、允许占地面积及建筑构造防火要求应符合《农村防火规范》（GB50039）的有关规定。保护性文物建筑应按相关规定完善消防设施。

图3-1-4　利用天然水源做消防用水应建取水设施

要有计划地整治"城中村"、"出租屋"和"三合一"场所的火灾隐患，对以易燃建筑材料为主体、耐火等级低、相互毗连的建筑密集区或大面积棚户区，要结合村庄整治和人居环境改造逐步治理，提高建筑耐火等级。要结合民居建筑风貌运用高出建筑物0.5米以上的山墙构筑防火分区（见图3-1-5）。要根据实际情况，按30～50户一组，分组团开辟防火隔离带、拓宽防火间距、打通消防车道；呈阶梯布局的村寨，应沿山地纵向开辟防火隔离带，避免"火烧连营"。要针对不同地区自然环境、建筑特点、生活习惯，规范改造电气线路和炉灶，积极采用先进、安全的生活用火方式，推广使用沼气，减少致灾因素。

图 3-1-5　砖木结构建筑集中连片的村庄运用山墙构筑防火分区

5. 消防管理工作规划

坚持"预防为主、防消结合"的工作方针，成立由政府领导负责，公安、综治、民政、建设规划、农业以及教育、文化、安全生产监督等部门负责人参加的农村消防安全管理组织，落实逐级消防安全责任制。构建"政府统一领导、部门行业齐抓共管、村民委员会组织管理、村民群众共同防范"的农村消防安全管理机制，全面加强农村消防工作，为保障社会主义新农村建设，构建和谐社会创造良好的消防安全环境。

（1）落实消防工作责任。乡镇人民政府将农村消防建设发展纳入新农村建设重要内容，纳入经济社会发展规划和年度计划，纳入社会治安综合治理、和谐村镇和平安建设，建立健全新农村消防工作管理、保障、考评奖惩机制，层层落实消防工作责任。

（2）加强农村消防工作领导。各地县（市、区、旗）、乡（镇）要成立由政府领导负责，社会治安综合治理、公安、民政、住房和城乡建设、农业、教育、文化、安全生产监督管理等部门负责人参加的新农村消防安全管理组织，切实加强农村消防工作领导。

（3）明确部门职责。农村消防工作要充分发挥人力、物力、财力资源的综合利用效率，社会治安综合治理、发展和改革、财政、住房和城乡建设、农业、民政等部门及公安机关消防机构各司其职、各负其责，把农村消防工作纳入本部门工作部署中通盘谋划。

社会治安综合治理部门要将农村消防安全纳入社会治安综合治理防控体系建设重要内容。

发展和改革等部门在规划农村基础设施项目时，要统筹考虑农村公共消防设施需要。

财政部门要在编制年度财政预算时纳入农村消防工作经费内容。

住房和城乡建设部门要在编制乡村规划和人居环境治理的指导性目录时纳入消防安全项目，在实施村庄整治，保护自然生态环境、传统风貌和历史文化遗产的同时，具体落实公共消防设施建设。

农业部门要结合农业生产，做好农忙、秋收和火灾多发季节的防火安全工作，配合有关部门宣传用火、用电、用气安全常识。

民政部门要督促基层政权组织做好农村消防管理工作，并做好火灾灾后的受灾群众生活安排和损毁民房的恢复重建等工作。

公安机关要切实加强对农村消防工作的监管，查处违反消防法律法规行为，督促消除火灾隐患；公安消防机构要加强对乡镇公安派出所消防工作的指导。

（4）村民委员会组织管理。《中华人民共和国消防法》第三十二条规定，乡镇人民政府应当指导、支持和帮助村民委员会开展群众性的消防工作。村民委员会应当确定消防安全管理人，组织制定防火安全公约，进行防火安全检查。因此，村民委员会应成立消防安全工作领导小组，健全工作制度，配备专（兼）职防火人员，具体抓好日常消防工作。要充分发挥村民自治组织的作用，建立村民消防安全自我管理、自我防范机制，制定消防安全村规民约，实行消防安全联防制度，协助有关部门落实老弱病残等特殊人群的消防安全监护，开展消防安全宣传和消防安全检查、巡查，及时消除火灾隐患。

（5）驻村单位、企业组织管理。驻乡村的单位、企业及各种经济组织要成立消防安全工作领导小组，按照国家消防法律法规，落实消防安全管理责任，加强自身消防安全管理，定期对从业人员开展消防安全教育培训，建立消防组织，做到消防安全自查、火灾隐患自除、消防安全责任自负。

（6）强化消防宣传教育培训。紧密结合农村实际，制定提高村民消防安全意识的消防宣传教育计划，广泛深入开展农村消防宣传，大力提高村民的消防安全意识。

6. 近期消防建设规划

确定近期五年内的消防建设目标、内容和实施部署。估算近期五年内的消防建设总投资。

7. 提出规划实施步骤、措施和方法

确定消防规划的各项技术经济指标，进行综合技术经济论证，提出规划实施步骤、措施和方法。

（六）消防规划主要图纸

消防规划主要图纸包括消防安全布局现状图、消防基础设施现状图、消防站及消防车通道规划图、易燃易爆设施规划图、消防给水规划图、近期消防安全布局规划图、消防重点保卫地区安全布局规划图等，可根据实际需要增加或简化合并。

第二节　乡村消防规划的审批

审批乡村消防规划，一般须经技术评审、公告征求意见、报送上一级人民政府审批、公布等工作流程。

一、技术评审

乡村消防规划编制完成后，组织编制机关应当采取论证会、听证会或者其他方式征求专家和村民的意见。通常情况下，组织专家进行技术评审是征求专家意见的常用方式。

乡村消防规划技术评审工作，一般由组织编制的人民政府主持，由规划主管部门、公安消防机构和发展计划行政管理部门组织，邀请上一级规划主管部门、公安消防机构、发展计划行政管理部门和规划设计专家进行评审。组织编制机关应当充分考虑专家和村民的意见，并在报送审查的材料中附具意见采纳情况及理由。

二、审议

村消防规划在报送审批前，应当经村民会议或者村民代表会议讨论同意；乡消防规划在报送审批前，应当经乡人民代表大会审议。

三、公告

乡村消防规划报送审批前，乡镇人民政府应当依法将规划草案予以公告，并采取论证会、听证会或者其他方式征求专家和村民的意见。公告的时间不得少于三十日。乡镇人民政府应当充分考虑专家和村民的意见，并在报送审批的材料中附具意见采纳情况及理由。

四、审批

评审通过的乡村消防规划，经负责组织编制的人民政府审查同意后，按规定纳入乡规划、村庄规划，一并报送上一级人民政府审批。

五、修改和审批

经依法批准的乡村规划，是建设和规划管理的依据，未经法定程序不得修改。为适应乡村发展对消防安全的需要，乡村消防规划应当按照"持续规划"和"滚动式发展"的规划思想，在着眼于近期发展与建设的基础上，对远景目标需不断地根据实际加以修正、补充和调整，以动态的平衡满足乡村发展对消防安全的需要。消防规划属乡村规划中的强制性内容，修改前应当先向原审批机关提出专题报告，经同意后，方可编制修改方案。

乡镇人民政府组织修改乡村消防规划，报上一级人民政府审批。修改后的村消防规划在报送审批前，应当经村民会议或者村民代表会议讨论同意；修改后的乡村消防规划在报送审批前，应当经乡人民代表大会审议。

六、公布

乡镇人民政府应当及时公布经依法批准的乡村消防规划，但法律、行政法规规定不得公开的内容除外。

第三节　乡村消防规划的实施

消防规划一经人民政府批准并公布，就成为消防建设的依据，人民政府应当负责组织有关主管部门实施。消防规划的实施是规划循环过程的最后环节，公安消防机构和有关主管部门，应各尽其责，密切配合，切实加强消防规划的实施与管理。

一、乡镇人民政府的职责

《中华人民共和国消防法》第八条明确规定：地方各级人民政府应当将包括消防安全布局、消防站、消防供水、消防通信、消防车通道、消防装备等内容的消防规划纳入城乡规划，并负责组织实施。城乡消防安全布局不符合消防安全要求的，应当调整、完善；公共消防设施、消防装备不足或者不适应实际需要的，应当增建、改建、配置或者进行技术改造。

根据相关法规的规定，实施消防规划的责任主体是地方各级人民政府。乡镇人民政府应当根据当地经济社会发展水平，量力而行，尊重村民意愿，有计划、分步骤地组织实施乡消防规划和村庄消防规划。要结合村容村貌的治理改造、农村节水灌溉和人畜饮水工程、乡村道路、草场围栏、沼气工程和能源建设以及水电建设和农村电网改造，同步实施乡村消防基础设施建设。

在组织实施乡村消防规划的过程中，乡镇人民政府应当组织有关部门和专家定期对乡村消防规划实施情况进行评估，采取论证会、听证会或者其他方式征求村民意见，向乡镇人民代表大会和原审批机关提出评估报告并附具征求意见的情况，并向乡镇人民代表大会报告乡村消防规划的实施情况，接受监督。

二、有关部门的职责

（一）城乡规划主管部门的职责

县级以上地方人民政府城乡规划主管部门负责本行政区域内的规划管理工作，对规划编制、审批、实施、修改进行监督检查。在建设行政许可审批时，应当严格执行消防规划，对违反乡村消防规划的建设工程项目不得批准，责令改正违反消防规划的行为。

（二）政府其他相关部门的职责

发展改革部门应当依据乡村消防规划，将公共消防基础设施建设和消防装备配备列入地方固定资产投资计划。在审批、核准公共基础设施建设、改造项目时，应当依据消防规划审查有关公共消防设施的投资内容。

财政部门应当按照扩大公共财政覆盖农村范围的要求，将乡村消防规划的编制、管理经费以及公共消防基础设施和消防装备的建设、配备、维护、管理经费纳入本级财政预算，并予以保障。

土地部门应当保证公共消防基础设施建设用地不被挪作他用。按照《中华人民共和国土地管理法》第五十四条的规定，公共消防基础设施用地属公益性用地，经县级以上人民政府依法批准，可以划拨方式取得。

住房和城乡建设等相关部门应按照乡村消防规划的要求，将公共消防基础设施建设、改造计划纳入城乡整体建设、改造计划，统筹实施，并履行公共消防基础设施的维护职责。

（三）其他行政管理相对人的职责

1. 单位、个人职责

任何单位和个人都应当遵守经依法批准并公布的乡村消防规划，服从管理，不得违反乡村消防规划进行工程建设，并有权就涉及其利害关系的建设活动是否符合乡村消防规划的要求向城乡规划主管部门查询。

任何单位和个人都有保护公共消防基础设施的义务，有权向城乡规划主管部门或者其他有关部门举报或者控告违反乡村消防规划的行为。

国家鼓励公民、法人和其他组织捐助消防公益事业，鼓励社会企业参与公共消防基础设施建设。在乡、村庄规划区内进行公共消防设施和公益事业建设的，建设单位或者个人应当向乡镇人民政府提出申请，由乡镇人民政府报城市、县人民政府城乡规划主管部门核发乡村建设规划许可证。建设单位或者个人在取得乡村建设规划许可证后，方可办理用地审批手续。

在乡、村庄规划区内未依法取得乡村建设规划许可证或者未按照乡村建设规划许可证的规定进行建设的，由乡镇人民政府责令停止建设、限期改正；

逾期不改正的，可以强制拆除。

2. 城乡规划编制单位职责

从事城乡规划编制工作应当具备相应条件，并经国务院城乡规划主管部门或者省、自治区、直辖市人民政府城乡规划主管部门依法审查合格，取得相应等级的资质证书后，方可在资质等级许可的范围内从事城乡规划编制工作。编制城乡规划必须遵守国家有关标准。

未依法取得资质证书或超越资质等级许可的范围承揽城乡规划编制工作以及违反国家有关标准编制城乡规划的，依照《中华人民共和国城乡规划法》相关规定惩处。

三、公安机关消防机构的职责

《中华人民共和国消防法》规定：县级以上地方人民政府公安机关对本行政区域内的消防工作实施监督管理，并由本级人民政府公安机关消防机构负责实施。乡村消防规划的实施是消防工作的重要组成部分，公安机关消防机构应当依法对其实施情况进行监督检查。其方法是每隔一定的时间周期将乡村消防建设的届时现状与规划目标进行对比，找出偏差，然后报请人民政府定期采取相应的纠偏措施；纠正监督检查中发现的违反消防法规和消防规划的行为并依法予以处罚，监督消防建设按照预订的规划目标有序发展。

【思考题】

1. 乡和村庄规划区的范围是怎样划定的？
2. 什么是消防规划？消防规划成果由哪些规划设计文件构成？
3. 简述乡和村庄消防规划的编制、审批程序。

第四章　火灾预防

消防工作贯彻"预防为主、防消结合"的方针。针对农村火灾发生的规律和特点，必须重点做好农村家庭，乡镇、村办企业，农作物生产、储存场所，农村公共服务设施等重点部位和场所的消防安全工作，督促落实各项防火措施，切实加强消防安全管理，大力消除火灾隐患，降低火灾风险，确保农村火灾形势稳定。

第一节　农村家庭防火

随着农民生活水平的不断提高，家用电器大量增加，沼气、液化石油气、天然气等生活燃料也越来越多地进入农村家庭，在为农民生活提供方便的同时，也给消防安全带来了潜在隐患。据统计，每年发生的农村火灾中，住宅火灾占40%左右。因此，抓好农村家庭防火，是做好农村消防工作的基础和关键。

一、农村住宅形式

我国是一个多民族国家，农村幅员辽阔，住宅形式随不同地域气候和生活方式而异，具有明显的地方特点和民族风格，因地制宜、因材致用的特点最为突出。例如傣族、景颇族，采用干阑式住宅；蒙古、哈萨克等民族，采用帐幕式住宅；黄河流域中部黄土地带广泛采用窑洞住宅；闽南分布许多极富特色的客家土楼；藏、羌族则习用石墙木梁建筑。即使以砖木结构体系为主的汉族住宅，从北到南，为了适应气候条件差异，变化也很大。一般说来，北方墙厚、屋顶厚，院落宽敞；南方屋檐深挑，天井狭小，室内空间高敞。在消防安全方面，农村住宅与城市居住建筑相比，带有共性的问题是耐火等级低，致灾因素多，公共消防设施匮乏，总体抗御火灾能力差，一旦发生火灾，容易造成较大损失。

二、火灾危险性及消防安全突出问题

(一)自防自救能力弱

据相关统计数据,截至 2010 年底,全国已有约 2 亿农民进城务工,其中绝大多数是青壮年,农村家庭的空巢现象越来越突出。留守家庭的儿童、老人和残疾人,其消防安全意识淡薄,动作迟缓、自防自救能力弱,是消防安全领域里名副其实的"弱势群体"。如果没有必要的监护措施和消防器材,此类人员在火灾中往往最易伤亡。2010 年全国农村住宅共发生火灾 1.5 万多起,死亡 322 人,其中,年龄在 18 岁以下和 60 岁以上的人员约占 60%,残疾人员、行动不便人员、精神病患者等约占 30%。

(二)建筑耐火等级低

在经济建设相对滞后的农村地区,大多数住宅建筑采用木、竹、稻麦秸秆等做建筑主材,建筑的耐火等级低。有的村庄甚至发展成为以易燃建筑材料为主体的住宅集中地,抗御火灾的能力十分薄弱。

(三)储存、使用易燃易爆危险品

目前拥有农用车、摩托车的农村家庭日益增多,农民习惯在家中储存少量汽油、柴油、机油。一些农民家里还存有酒精、油漆、民爆物品等。这些物品一旦使用或管理不当,极易引发火灾爆炸事故。

(四)电器设备使用量增多

随着生活水平的提高,农民家中各种家用电器越来越多,电视机、空调机、音响、电饭煲、电冰箱、微波炉、录音机等已被普遍使用,用电负荷增大,电气线路如年久失修,极易引发火灾。

【案例】2009 年 11 月 6 日,广西壮族自治区柳州市三江侗族自治县独峒乡林略村一村民住宅因电闸刀开关打火引发火灾,造成 5 人死亡,烧毁民房196 栋,296 户、1121 人受灾,直接财产损失 148 万元。

(五)使用明火多,可燃物储量大

部分农村地区的农民取暖、烘烤衣物、做饭所用燃料以农作物秸秆和柴草为主。有的农民将收获的棉花、粮食等农作物存放在居室或仓房内,增加了火灾荷载,有的农民将大量秸秆、柴草储存在房前屋后,极易引起火灾(见图 4-1-1)。

【案例】2003 年 11 月 28 日,广西壮族自治区柳州市三江侗族自治县阳溪乡良培村良培屯发生火灾,造成 1 名 70 多岁老人死亡,168 间房屋被焚毁,96 户、421 人受灾,直接财产损失 73 万余元。起火原因是村民在家中烧柴打油茶,火星从烟囱蹿出,引燃柴草酿成火灾。由于该屯的建筑均系木板楼,火势蔓延非常快,在很短时间内便"火烧连营"。

图 4-1-1　农村住宅火灾事故现场

（六）使用气体燃料

一些农村地区结合村容村貌的治理改造，已经开始使用沼气、农作物秸秆气化燃气和液化石油气等燃料，极大地方便了生活。但是，如果储存、输送这些气体燃料的管道、设备发生泄漏，或者违规操作，都易导致火灾爆炸事故发生。

三、防火措施

预防农村家庭火灾并最大限度地减轻火灾危害，一是要提高住宅的耐火等级，保证必要的防火间距，提高建筑抗御火灾的能力；二是每个农村家庭都应当树立防火意识，在日常生活中落实防火措施，防止发生火灾。

（一）炊事的防火措施

1. 烹煮各种含油食品时，水不宜过满，应有人看管，汤水沸腾时，应熄火或降低火力，防止浮油、浮汤溢出锅外。

2. 油炸食品时，油不能过满，油锅搁置应稳固。

3. 加热油锅时，人不能离开，当油温达到适当温度时应及时放入菜肴、食品。油温过高起火时，如油量较少，可沿锅边投入菜肴或食品降低油温灭火；如油量较多，应迅速盖上锅盖窒息灭火，同时熄灭灶内火焰。严禁向起火的油锅内浇水灭火。

4. 热锅从炉灶上端下后，应放置在瓷砖台等不燃材料上。

5. 及时清除炉灶、抽油烟机、排风扇、烟道等处的油垢。

（二）明火照明的防火措施

1. 使用油灯照明应尽量使用有罩油灯，有玻璃罩的油灯外不应再加纸罩。

2. 土制油灯下应设灯座，保持灯体平衡。

3. 点燃的油灯、蜡烛不要靠近蚊帐、门帘、窗帘及其他可燃物。

4. 使用油灯、蜡烛必须有人看管，做到人离火灭。

5. 蜡烛应放置在烛台上，没有烛台时应固定在不燃材料上。

6. 向油灯加油时，应先熄灭灯火，将灯头取出与灯体保持一定距离；加油后，应将流淌在灯体外的油擦干后再点火。

7. 及时清除油灯外面的油垢。

8. 不得用汽油代替煤油或柴油。

9. 不要使用蜡烛、油灯在床下、柜内等狭小地方寻找东西。

10. 不要在存放棉花、粮食等农作物的仓房内使用明火照明。

（三）用火取暖的防火措施

1. 用火炉、火炕取暖时，应确保烟道无缝隙，防止火星窜出引燃可燃物。

2. 不得在可燃材料基座上放置金属火盆。

3. 在火桶、火盆内燃烧木材、树枝、杂草等取暖时，添加的燃料不应过多，防止燃烧失控。火桶、火盆等与床铺、粮囤、帐篷等可燃物要保持安全距离，附近不应堆放过多的燃料。

4. 在室外燃火取暖，应选择远离可燃物的安全地点，必要时用不燃材料阻挡，防止火星飞散，人离开时必须将余火全部熄灭。大风天气时，禁止在室外使用明火。

（四）驱蚊的防火措施

1. 点燃的蚊香应放在不燃的金属支架上，支架不应直接放在可燃物上。蚊香不应靠近蚊帐、床单、衣服等可燃物。人离开时，应将蚊香熄灭。

2. 使用土制蚊烟，应与家具、床铺、粮袋等可燃物保持安全距离，防止火星飞散引燃可燃物。

（五）燃放烟花爆竹的防火措施

1. 不要购买伪劣烟花爆竹，应到定点商店购买印有厂名、商标、燃放说明的烟花爆竹。燃放前应仔细阅读说明，按说明方法燃放。

2. 不要在草房、柴草垛、粮仓、粮囤、加油站附近等容易引发火灾的区域燃放；严禁在烟花爆竹禁放区域内燃放。

3. 燃放高空烟花时，应选择相对空旷的安全地点，放置平稳并进行固定，防止燃放时倾倒。

4. 要防止儿童从烟花爆竹中取出火药改做玩具。儿童燃放烟花爆竹时，应有大人在旁看管。

5. 严禁携带烟花爆竹乘坐公共交通工具。

6. 家中不宜长期存放烟花爆竹。临时存放少量烟花爆竹要选择安全的位置，不要靠近火源、电源、热源，避免受到撞击、挤压。

（六）使用摩托车的防火措施

1. 摩托车存放在家中时，应关闭油路，远离火源。

2. 不要在室内加油或从油箱抽取汽油。

3. 加油时严禁吸烟、动火。

4. 不要将漏油的摩托车存放在室内。

5. 切忌使用明火检查油箱内的油量。

6. 不得在室内用汽油、煤油擦拭摩托车。

（七）使用燃气热水器的防火措施

1. 应当选用经国家有关部门检测合格的燃气热水器。

2. 使用的燃气种类应当与产品使用说明书要求的燃气相一致。

3. 应严格按产品使用说明书进行安装，严禁安装在通风不良的地方或浴室内。

4. 热水器应固定在不燃材料上。

（八）使用炉灶的防火措施

1. 炉灶、烟道与可燃物应保持一定安全距离。在木质地板上设火炉时，应当用砖或石坯铺成隔热护垫，并用不燃材料覆盖炉门前的地板。

2. 烟囱在闷顶内穿过保暖层时，在其周围 0.5 米范围内应用不燃材料做隔热层。烟囱应高出房脊，防止从烟囱里飞出的火星引燃可燃物。

3. 用砖坯砌筑烟囱、火墙、火炕时，应在黏土浆内掺入适量砂子，防止烟囱、火墙、火炕开裂滋火。

4. 火炉周围不应堆放木材、柴草等可燃物；不要在炉筒上烘烤衣物。

5. 不要使用汽油、煤油等易燃可燃液体引火。

6. 从炉灶内掏出的炉灰要用水浇灭，以防热灰、火星引燃附近的可燃物。

7. 要经常检查炉灶、烟囱，发现损坏、裂缝，应及时维修。

8. 在柴草多、易燃建筑密集的村庄或靠近林区的地方，应在烟囱上加防火帽或纱网、挡板熄灭火星。遇大风天气，应严格控制生活用火。使用鼓风机的炉灶烟囱均应安装防火帽。

9. 金属炉筒与墙内烟囱连接时，插入的深度不应小于 0.1 米，接缝要封牢。

10. 宜将灶口大、火力大、火灾危险性大的烧柴草灶（老虎灶）改为安全节能灶。

（九）使用家用电器的防火措施

1. 基本防火措施

安装家用电器前，要根据产品说明书查看家中的供电负荷能否满足要求。通电试运行前，应对照产品说明书顺序操作。如通电后发现异常，应立即停机并切断电源。在使用过程中，不能用拖电线的方法移动家用电器，不能用拉电线的方法拔插头。严禁用铜丝、铁丝等代替保险丝。要定期检查供电线路和电气设备，发现绝缘破损应及时维修或更换。家用电器用完后，应拔掉插头，彻底切断电源。电热器具用完后，应当待其温度降至常温后，方可存放。

2. 使用照明灯具的防火措施

白炽灯与可燃物之间应保持 0.5 米以上的距离。台灯、落地灯、壁灯等灯具的灯罩要避免采用塑料布、纱绸或纸质等可燃物，防止灯泡烤燃灯罩引发火灾。日光灯的镇流器不应安装在木梁、木柱及木质天棚等可燃建筑构件上，镇流器必须与灯管相匹配，并按规定的方法接线。

3. 使用电视机的防火措施

应将电视机放在干燥、通风的地方，不要放在火炉、暖气管道附近。雷雨天，使用室外天线的家庭不要收看电视节目，应把室外天线与电视机连接的插头拔下，防止雷击。电视机收看时间不宜过长，防止机内温度过高。在收看电视时，如闻到刺鼻气味或荧光屏突然黑屏，应立即切断电源，请专业人员检查维修。

4. 使用洗衣机的防火措施

用汽油、酒精、香蕉水等易燃液体洗刷过的衣物，不能立即放入洗衣机洗涤。一次放入洗衣机内的衣物不应超过规定的洗衣重量。发现电机卡住或出现异常声音、气味时，应立即切断电源。

5. 使用电冰箱的防火措施

电冰箱背面的散热片等部件温度较高，不应贴邻布置电线，防止电线绝缘层受热损坏，造成短路或漏电。电冰箱内不要存放易燃、易挥发的化学试剂或药品。

6. 使用电风扇的防火措施

应控制使用时间，人若外出，必须关闭电风扇。不得用水冲洗电风扇，防止电动机受潮发生短路。

7. 使用电熨斗的防火措施

电熨斗通电后必须有人看管。熨烫衣物的间歇，电熨斗应竖立放置在不燃材料或专用架子上。应注意控制电熨斗的温度，发现电熨斗过热，应及时拔下电源插头。

8. 使用电热毯的防火措施

电热毯通电后，人不能远离。遇临时停电应切断电热毯电源。电热毯应平铺在薄棉褥等下面，防止折叠损坏电热丝。宜择定合适的加热温度，给婴儿或生活不能自理的老人、病人使用电热毯时，应经常查看电热毯的温度和潮湿度。在使用过程中，如出现电热毯不热、开关失灵、局部发热等故障，应立即切断电源，及时更换。

9. 使用电炉的防火措施

电炉应置于不燃基座之上，周围不应放置可燃物。电炉通电后，人不能远离。

10. 使用电饭煲的防火措施

电饭煲的电热盘和内锅表面不应沾有饭粒等杂物，以保证两者紧密接触。内锅若变形严重或温控开关失灵，应立即更换。不得用水清洗电饭煲的外壳、电热盘和开关等。

11. 使用电取暖器的防火措施

使用辐射式电取暖器和油汀式取暖器时，应与可燃物保持一定的安全距离。不要在取暖器上烘烤衣物等可燃物，无人时应将电源切断。

（十）使用液化石油气的防火措施

1. 应当在液化石油气钢瓶外观完好的情况下使用。不要自行拆修角阀或减压阀。不要将气瓶靠近火源、热源，严禁用火、蒸汽、热水加热气瓶。

2. 住人房间内严禁存放液化石油气钢瓶。厨房内钢瓶和灶具应保持1米以上距离；液化石油气炉灶不宜与其他火源（煤炉等）同室安放、使用。

3. 应经常检查炉灶和钢瓶各部位，发现阀门堵塞、失灵，胶管老化破损等情况应停止使用。若发觉房间中有液化石油气味，必须立即关闭炉灶开关和角阀，切断气源，打开门窗通风，不要吸烟、划火、开闭电器开关，同时熄灭相邻房间的炉火。检查泄漏点可用肥皂水，切忌用明火试漏。

4. 用完炉火应关闭炉灶的开关、角阀。使用液化石油气过程中人不要离开，锅、壶不宜盛水过满，以防开水溢出浇灭火焰后燃气扩散。

5. 不要让儿童、智障人单独使用液化石油气炉灶，不要让儿童玩耍液化石油气钢瓶及炉灶开关等。

6. 液化石油气钢瓶应放置稳固，防止碰撞、敲打。

7. 严禁私自灌装液化石油气。

8. 液化石油气残液应送充装单位统一回收，不得自行处理。严禁将残液倒入下水道、地沟、排水沟等地点，严禁用残液生火或擦试机械零件等。

9. 角阀压盖发生松动等问题，应及时送充装单位修理。液化石油气钢瓶严禁带气拆卸。液化石油气钢瓶一旦着火，首先应迅速关闭角阀，根据情况用水冷却瓶体，用抹布、麻袋、布衣物、被褥等浸水堵盖，扑灭火焰。

（十一）使用沼气、天然气的防火措施

1. 在使用燃气具前，要按照使用说明书的要求，掌握燃气具的正确使用方法。

2. 每次使用后，应关闭燃气管路和灶具阀门。

3. 不要私装燃气设施。

4. 燃气管路、阀门必须完好，各部位不应漏气。

（十二）使用其他易燃易爆危险品的防火措施

1. 不应在住宅内大量储存汽油、煤油、柴油、酒精等易燃易爆危险品。

2. 如储存少量汽油，应使用金属容器，不应使用塑料桶。平时汽油桶盖应旋紧，防止汽油挥发。油桶应放在人不易碰翻的地方，不要放在灶间、楼梯口、走道旁和床下，不要靠近火源。房间内如果有浓重的汽油味，应立即打开门窗，查找原因，切忌开启电器开关或点火照明。

3. 使用油漆涂刷房间、家具时，要打开门窗加强自然通风，未用完的油漆应加盖密封并放置在安全位置。涂刷油漆时，不要在室内吸烟或使用明火。

（十三）吸烟的防火措施

1. 不要躺在床上、沙发上吸烟；卧床的老人或病人吸烟时，应有人照顾。

2. 划过的火柴梗、吸剩的烟头，应及时熄灭。未熄的火柴梗、烟头应放进烟灰缸或痰盂内，不要用纸卷、火柴盒、卷烟包装纸代替烟灰缸。不要将烟头、火柴梗扔在废纸篓内或随处乱扔。

3. 禁止在维修汽车或用汽油清洗机器零件时吸烟。

（十四）预防儿童玩火的措施

1. 家长、老师要教育儿童不要玩火。农忙季节，可以举办临时托儿所、幼儿班，对儿童进行集中管理教育。可通过组织儿童到消防队（站）参观或观看消防电影、电视、图书等方式，提高他们的消防安全意识。

2. 家长要把火柴、打火机等放在儿童不易拿到的地方。家长外出时，应关闭煤气、液化石油气总阀门。尽量不要把儿童单独留在家中，更不能把儿童锁在家中。

（十五）祭祀、宗教活动的防火措施

1. 长明灯应设置固定灯座。

2. 蜡烛要设置烛台，宜加装玻璃罩。

3. 香、烛、灯不应靠近帐幔、伞盖等可燃物。

4. 焚烧冥币等祭祀物品要有可靠的防火灭火措施。

（十六）预防雷击火灾的措施

1. 电视机的室外天线应按相关要求采取避雷措施。

2. 雷雨天不要收看电视。

3. 雷雨大时应关好门窗，防止球形雷进入室内。

（十七）外出前的防火措施

1. 检查燃气总阀门是否关闭，炉灶上的阀门是否关严。

2. 检查门窗是否关好，防止飞火引燃室内可燃物。

3. 检查柴、煤炉灶余火是否熄灭，清理炉灶前的柴草。

4. 检查室内各种电器的电源是否关闭。

第二节　公共服务设施防火

学校、托儿所、幼儿园、医院、商场和娱乐场所等公共服务设施通常具有人员密集、致灾因素多等特点，一旦发生火灾，容易造成人员伤亡和较大财产损失。因此，做好公共服务设施的防火工作是预防重特大火灾的关键环节。

一、中小学校、托儿所和幼儿园

中小学校、托儿所和幼儿园是集中培养教育少年儿童的重要场所。孩子的共同特点是缺乏安全意识和自我保护意识，其判断、行动和应变能力都很弱，基本没有自救能力。如果忽视消防安全，消防设施设备匮乏，防火安全教育不到位或老师、保育员擅离职守，发生火灾时极易造成较大人员伤亡，导致不良负面影响。

【案例】2002 年 6 月 9 日，云南省寻甸回族自治县羊街镇三元庄小学发生火灾，住校的 8 名男生全部被烧死，给这个仅有 32 户人家的小村庄造成巨大灾难。

（一）火灾危险性及消防安全突出问题

1. 部分建筑消防安全条件先天不足

由于经济、文化、地域和传统观念上的差异，各地的中小学、幼儿园和托儿所的生活和学习环境条件不尽相同。在一些经济欠发达地区，中小学、幼儿园和托儿所设在砖木结构、木结构甚至是临时搭建的棚屋等简易建筑内，耐火等级低，消防通道不畅，防火间距不足，消防设施欠缺，电气线路陈旧老化、设计负荷仅考虑普通照明要求；而在一些经济发达地区，中小学、幼儿园、托儿所采用可燃材料装修，用于学习、生活的电器设备和可燃物品相对较多。一旦发生火灾，都易造成严重后果。

2. 寄宿制中小学、托儿所和幼儿园用火、用电频繁

寄宿制中小学、托儿所和幼儿园使用家用电器较多，点蜡烛、蚊香，使用煤油炉、酒精炉，使用充电器、应急灯、电炉、电饭煲、电热毯、电吹风、热得快等电器的现象十分普遍，乱拉乱接电线等违章行为也比较常见。尤其是使用劣质电气产品和低负荷电线、使用蚊香不当、在蚊帐内点蜡烛看书以及乱扔烟头等行为，加大了引发火灾事故的概率。

【案例】1997 年 5 月 23 日，云南省富宁县洞波乡中心学校因学生在蚊帐内点蜡烛看书，引燃蚊帐和衣物成灾，烧死学生 21 人，轻伤 2 人。

【案例】2001 年 6 月 5 日，江西省广播电视发展中心艺术幼儿园因使用蚊香不当引发火灾，烧死 13 名幼儿，导致了不良社会影响。

3. 锁闭安全疏散通道的违法行为屡禁不止

一些中小学、幼儿园和托儿所为防盗或便于管理，锁闭安全疏散门，堵塞安全疏散通道或在门、窗上加设防盗门、铁栅栏。有的在学生就寝后将宿舍楼出口上锁。一旦发生火灾，严重影响人员疏散和灭火救援，极可能引发严重的伤亡事故。

4. 少年儿童模仿力强，自控能力差

少年儿童的好奇心强，模仿力强，缺乏自我控制能力，如果家长、老师教导不力，可能出于好奇心驱使玩火引发火灾。

【案例】2010 年 7 月 19 日，新疆乌鲁木齐市河北路仁居三巷一居民自建房因小孩玩火，引燃地下室可燃杂物，造成 12 人死亡、17 人受伤，过火面积 540 平方米。

5. 学校实验室存放、使用必要的化学危险物品管理不善

中学实验室需要存放、使用必要的易燃、易爆化学危险物品，如果管理或操作不慎，可能引发事故。

6. 部分师生员工消防安全意识淡薄

从近年来发生的校园火灾情况看，许多火灾是由于防火安全教育不到位造成的。有的学校一味强调教学质量，忽视消防安全工作，很少组织防火安全、应急疏散和逃生自救教育培训，师生员工普遍缺乏消防安全常识。

(二) 防火措施

中小学校、幼儿园和托儿所在建设时就必须按照国家相关技术标准进行防火设计，按要求配置必要的消防设施设备，避免造成消防安全条件的先天不足。投入使用后，要严格按照国家有关消防法规要求落实自身的消防安全管理职责，建立健全消防安全组织、制度，加强消防安全管理，确保消防安全。

1. 选址要求

中小学校、幼儿园和托儿所应远离甲、乙类火灾危险性厂（库）房，远离甲、乙、丙类易燃、可燃液体储罐区和易燃可燃材料堆场，与相邻建、构筑物之间要严格按有关规范要求留足防火间距。校、园、所区内严禁架空高压线通过。

2. 建筑层数和耐火等级

中学教学楼的允许层数不应超过 5 层，小学教学楼不应超过 4 层。一般情况下，教学楼、礼堂、会堂、演讲厅、剧院、音乐厅、体育馆等建筑的耐

火等级不应低于二级。当采用三级耐火等级时，学校不应超过2层或设置在3层及3层以上；当采用四级耐火等级时，学校只能建单层或不应设置在2层及2层以上。

托儿所、幼儿园应当独立建造，严禁在地下室、半地下室内设置儿童用房及儿童游乐厅等儿童活动场所。托儿所、幼儿园不应和汽车库组合建造。必须设置在其他多层、高层建筑内时，应自成一个独立的防火分区，设置独立的完备的安全疏散系统。

（1）当托儿所、幼儿园必须设置在其他多层建筑内时，应采用耐火极限不低于2小时的不燃烧体隔墙和不低于1小时的不燃烧体楼板与其他场所隔开，并设置独立的出入口。

（2）建筑物为一、二级耐火等级多层建筑时，儿童用房及儿童游乐厅等儿童活动场所不应超过3层或设置在4层及4层以上；建筑物为三级耐火等级多层建筑时，儿童用房及儿童游乐厅等儿童活动场所不应超过2层或设置在3层及3层以上；建筑物为四级耐火等级时，托儿所、幼儿园不应超过1层。

（3）当托儿所、幼儿园受条件限制必须设置在高层建筑内时，应设置在建筑物的首层或2、3层，并采用耐火极限不低于2小时的不燃烧体隔墙和1小时的不燃烧体楼板与其他场所完全分隔，按规定设置单独的出入口。

3. 防火分区

中小学校、幼儿园和托儿所应根据其耐火等级、层数以及是否设置在其他民用建筑内、是否设有自动灭火系统等参数，按相关规范条文确定每个防火分区允许最大建筑面积。

4. 内部装修

中小学校、幼儿园和托儿所建筑的内部装修应妥善处理装修效果和使用安全的矛盾，内部装修材料应尽量采用不燃材料和难燃材料，避免采用在燃烧时产生大量浓烟或者有毒气体的材料。一般情况下，应按照楼梯间严于疏散走道、疏散走道严于其余用房的原则控制装修材料的燃烧性能等级。

5. 安全疏散

（1）除规范另有规定外，中小学校、幼儿园和托儿所的每个防火分区内任一点的安全疏散出口不应少于两个。场所分配宜为年龄相对较大的班级布置在上层，年龄相对较小的班级布置在下层，以便于发生火灾时快捷疏散。在幼儿安全疏散和经常出入的通道上，不应设台阶。必要时可设防滑坡道，其坡度不应大于1/12。

（2）按层数、建筑高度、建筑类别等参数设置相应的楼梯间。据不完全统计，从2005年至2010年间，我国的中小学在楼梯间发生9起踩踏事故，造成25名学生死亡、137名学生受伤。因此，中小学楼梯间的设置必须严格执行相关技术规定。楼梯间应有直接天然采光。楼梯不得采用螺形或扇形踏步。每段楼梯的踏步，不得多于 18 级，并不应少于 3 级。托儿所、幼儿园的楼梯除设成人扶手外，并应在靠外墙一侧设幼儿扶手，其高度不应大于 0.6 米。楼梯踏步的高度不应大于 0.15 米，宽度不应小于 0.26 米。在楼梯的醒目位置宜设置楼层数和"上下楼梯靠右走"等标识（见图 4-2-1）。

图 4-2-1 某学校的开敞楼梯间，设有醒目的楼层标识和"上下楼梯靠右走"标识

（3）按房间的平面位置、耐火等级、使用性质和是否设自动灭火系统等参数确定其最大安全疏散距离。

（4）按有关规范配置应急照明装置和疏散指示标志。

6. 灭火和防雷设施

（1）灭火系统：应按有关技术标准设置室内外消火栓系统、自动灭火系统、火灾自动报警系统。

（2）灭火器配置：应按有关技术标准配置灭火器，品种一般可选用 ABC 类干粉灭火器。在同一灭火器配置场所，当选用两种或两种以上类型灭火器材时，应采用灭火剂相容的灭火器。

（3）防雷设施：必须按照《建筑防雷设计规范》（GB50057）的相关规定设置防雷设施。

7. 学校实验室防火要点

（1）实验室一般应和其他教学区分开设置，对可能产生有毒或易燃易爆气体、粉尘的实验室必须独立设置，自成一区。实验室的安全出口要根据实验性质和可能容纳人数确定，一般情况下，不应少于两个。

（2）电炉应放在专人管理的确定位置，电烙铁使用以后必须置于不燃支架上，有变压器、电感线圈的设备也必须设在不燃基座上。实验桌（台）上应设置固定电源插座，将各种电源直接配送至实验桌（台）。实验演示台装设的各种电源、高压、稳压装置以及各种测试仪表与学生实验桌（台）之间的线路应穿管敷设，不得临时乱拉电线。

（3）化学药品室仅限存放普通药品。各种试剂和药品应贴上标签置于玻璃橱柜内，需要避光保存的试剂和药品，可置于木柜内存放。有毒、易燃易爆试剂和药品应存放在专用库房内，使用时按规定程序领取，实验结束后立即按规定清除，不得存放在实验室内。实验台上严禁摆放与本次实验无关的化学物品。

（4）在教学楼或实验楼的适当部位，应设置室内消火栓及消防水带、水枪并按规定配置灭火器、石棉布和砂箱等器材。

8. 语言教室、微机室、视听及合班教室的防火要点

（1）电气防火：要按照规范进行电气线路设计，尤其要重视电缆槽的防火设计。一般情况下，应使用阻燃电缆，或者将电缆敷设在不燃缆槽内。

（2）装修材料：墙面及顶棚采用吸声材料时，要严格按照防火规范的相关规定，使用不燃或难燃装修材料。

（3）安全疏散：此类教室的容量一般不小于一个班人数，尤其是视听及合班教室的规模以容纳一个年级的学生数并加适量备用座位为设计参数，因此应严格按规范相关条文核定其安全出口数量、室内疏散走道宽度和室内最远点至房门的距离等参数。

9. 消防安全管理的基本要求

根据《机关、团体、企业、事业单位消防安全管理规定》，中小学、幼儿园和托儿所的法定代表人或主要负责人是本单位的消防安全责任人，全面负责本校（园、所）的消防安全工作。中小学、幼儿园、托儿所应明确逐级消防安全责任制和岗位消防安全责任制，明确逐级和岗位消防安全职责，确定各级、各岗位的消防安全责任人，结合本单位实际建立适合本单位特点的消防安全管理制度和消防组织，实行消防安全责任目标管理，经常检查，定期考评，确保制度贯彻落实。

（1）按规定实施消防安全管理

凡是住宿床位在 100 张以上的中小学和住宿床位在 50 张以上的幼儿园、托儿所，均应按规定向当地公安机关消防机构申报消防安全重点单位，实行严格管理。

（2）普及消防安全知识，强化教职员工"四个能力"

校、园、所方应将消防安全教育工作作为一项基础性、保障性工作列入

重要议事日程，安排专人负责，切实加强领导。应通过多种形式进行消防安全知识普及教育，强化职工发现隐患和整改隐患的能力、处置初起火灾的能力、引导在场人员疏散的能力和消防宣传教育的能力。要把消防知识技能教育作为学生素质、能力教育的组成部分，与文化知识教育相结合，通过寓教于乐等多种形式把消防知识融入课堂教学。

中小学宜编写《学生逃生自救手册》，内容应包括逃生自救等校园安全常识、意外事故灾害的避险与自救、人为侵害的避险与自救、运动与出游中的避险与自救、实验实习中的避险与自救、自救常用医学方法等，涵盖学生在校学习、生活过程中可能遇到的各种安全问题，在新生入校时发给全体新生，并组织集中学习。

教职员工要掌握组织引导学生、幼儿疏散的基本知识和火场救护的基本知识，会使用灭火器材扑救初起火灾。学生、幼儿应知道火警电话号码，报警时能说清楚火灾单位的详细地址、电话、报警人的姓名并掌握火灾时的自救逃生方法。中小学可根据具体情况举办消防夏令营，有条件的地方要组织学生、幼儿参观消防中队、消防博物馆，以增强消防安全意识。

（3）制定应急疏散预案，定期组织演练

中小学校、幼儿园和托儿所应根据少年儿童特点，制定灭火和应急疏散预案，并定期组织演练，提高火灾时的自防自救能力。

中学新生军训期间，要根据灭火和应急疏散预案，安排"自救与逃生"训练课目，组织开展逃生自救演练，达到全员受训目标，增强火灾时的避险能力与自救能力。

（4）确定消防安全重点部位

中小学、幼儿园和托儿所应根据本单位实际情况，确定消防安全重点部位，加强消防安全管理。一般应将变配电间、食堂操作间、开水房、集体宿舍、图书室、库房以及室内集体活动等场所，确定为本单位的消防安全重点部位，设立防火标志，建立消防安全档案，加强经常性检查，实行严格管理。

（5）加强电源火源管理

中小学、幼儿园和托儿所应按相关规定，做好电气线路、设备的设计、安装和使用管理。

严禁乱拉乱接电线。严禁在幼儿活动场所、幼儿宿舍内使用电炉、电熨斗、电热毯等电气设备。活动室、音体活动室电源插座设置应安全密闭，安装高度不低于1.7米。使用其他电热、取暖设备应符合相关安全规定。

一般情况下，中小学、幼儿园和托儿所不得使用蜡烛、煤油灯照明，特殊情况需使用时，应选择安全地点，指定专人管理。宜配备采用蓄电池的应急照明装置和手电筒等照明工具。寄宿制中小学、幼儿园和托儿所宜设置夜间巡视照明设施。

使用蚊香或其他驱蚊设备，应定点、定人使用。燃气热水器应指定责任人负责管理，用完后必须关闭进气闸阀。使用燃气或电热的无压开水锅炉应远离幼儿活动场所并指定责任人负责管理。必须采用明火取暖时，要选择安全地点，指定专人负责看管，事后及时熄灭余火。

（6）强化学生宿舍的消防安全管理

寄宿制中小学必须制定学生宿舍消防安全管理规定，规范学生的用火、用电行为。宿舍应指定专人管理，对租用的学生宿舍和有对外出租房屋的学生宿舍建筑，尤其要加强管理与监督，确保学生安全。校方与新生签订《防火安全承诺书》等约束性文件，分管学生工作的校方领导应与学校签订学生防火安全教育目标管理责任书，把对学生的防火安全教育责任落实到人。针对学生宿舍的消防安全检查要形成制度，保卫部门每月应对学生宿舍进行防火安全检查，重点要查看有无学生在宿舍内生火煮饭、私接电气线路、私自使用大功率电器设备，及时清除火灾隐患。对违规用火用电行为要坚决纠正。

（7）按相关规定严格管理实验室

实验室存放、使用的化学危险物品，要按相关规定管理。学生做试验必须在老师的指导下进行。

（8）厨房和附属用房的防火要求

厨房和液化气储存间、烧水间、杂物房等附属用房应与学生和儿童用房分开设置并保持足够的安全间距。厨房使用燃气灶具应当安装燃气泄漏报警装置，烹饪操作间的排油烟罩及烹饪部位宜设置厨房专用灭火装置，且应在燃气或燃油管道上设置紧急事故自动切断装置。厨房的排烟罩应每天擦拭一次，每月清洗一次；排烟管道应每季度至少清洗一次。

（9）按规定实施防火检查和巡查，确保疏散通道畅通

中小学、幼儿园和托儿所应根据相关规定实施防火检查和巡查，尤其要加强对用火用电、安全疏散通道、安全出口和消防设施器材的检查，发现火灾隐患及时整改。

安全疏散系统是检查和巡查的重点。每天检查所有的出口设施，确保楼梯、门和其他出口处于正常状态是校长和教师的职责。严禁在疏散通道、安全出口安装可能影响疏散的栅栏，疏散用门应采用向疏散方向开启的平开门，不应采用推拉门、卷帘门、吊门、转门。不宜在窗口、阳台等部位设置金属栅栏，当必须设置时，应有从内部易于开启的装置。窗口、阳台等部位宜设置辅助疏散逃生设施。

（10）建立健全消防档案

中小学、幼儿园和托儿所要建立包括消防安全基本情况和消防安全管理

情况在内的消防档案，坚持做好动态管理，并统一保管、备查。

二、养老院、福利院等社会福利机构

近年来，随着我国社会福利机构数量的不断增加，火灾起数也随之上升，造成人员伤亡的火灾事故时有发生（见表4-2-1）。

表4-2-1   近年我国部分社会福利机构火灾案例

发生时间	发生地点	人员伤亡情况
2008年3月5日	广东惠州市综合福利院	8名儿童死亡
2008年12月3日	浙江温州民办老人公寓	7名老人死亡
2009年8月27日	吉林辽源一无证经营敬老院	6名老人死亡

（一）火灾危险性消防安全突出问题

1. 消防安全意识淡薄

老年人、残疾人和儿童的消防安全意识相对淡薄，掌握消防安全常识相对较少，对火灾危险性认识不足。在吸烟、使用明火或电热器具时忽视引发火灾的可能性，随手丢弃烟头、火柴梗，近距离烘烤衣物，乱接乱拉电气线路，使用老、旧、劣质电气产品，违规使用易燃液体、气体等行为容易引发火灾。

2. 自防自救能力较弱

老人、残疾人和儿童是一类特殊的群体，群体中有些人身体衰弱，行动滞缓；有些人耳聋或目盲，对火光、烟气、声响、气味等火灾前兆不敏感，对火灾的警觉意识明显滞后于其他人；有些人肢体残缺或无法行走，必需依靠他人帮助才能缓慢移动；有些人先天愚钝、痴呆或患有严重的老年病症，他们对火灾没有应急反应，没有危险意识，不知道如何疏散甚至拒绝撤离；一些老年人、残疾人和儿童即使感知到火灾前兆，也往往会因为无法移动、手脚不便或不知道该怎么办而目睹小火变成大火，甚至葬身火海。同时，大多数社会福利机构的火灾应急反应能力，不能满足帮助护理对象安全撤离的需要。此类问题主要表现在以下几个方面：

（1）人力配置数量不足，不能承担所有护理对象的应急疏散任务；

（2）护工以女性居多且流动性较大，不具备应急疏散要求的生理、心理素质和相关经验；

（3）缺乏有效的管理机制，不能保证足够数量的工作人员在发生火灾后迅速到场并有效参与疏散；

（4）没有制定科学的灭火和应急疏散预案，没有按照预案定期组织疏散演练等。

【案例】2007年3月25日，俄罗斯克拉斯达尔"老年人之家"发生火灾，造成近百人伤亡的严重后果。据俄罗斯警方调查，玩忽职守和违反消防安全规定是导致发生火灾并造成重大人员伤亡的主要原因。火灾发生时，值班人员擅离职守，没有及时采取有效措施进行处置，延误了灭火和疏散；火灾发生时楼内仅有3名勤杂工和1名护士，要组织93名老人撤离，人手不足，护士也在火灾中遇难。去年有关部门检查发现"老年人之家"未按规定配备灭火器、应急照明电筒和呼吸器，一直没有整改。

3. 建筑防火条件相对较差

（1）选址布局不当。多数乡村社会福利机构距消防站较远，部分福利机构在消防车通道、防火间距、消防水源等方面不同程度存在问题。

（2）建筑耐火等级低。部分贫困地区乡村社会福利机构的建筑物大多为3层以下砖木结构或木结构，发生火灾后容易快速蔓延形成立体燃烧，可用疏散时间短，对衰老重残、无力撤离人员无法实现就地保护。

（3）安全疏散条件差。在多层老式建筑和改建、合用的社会福利机构中，通道和出口不能满足老年人、残疾人和儿童疏散需要的问题比较突出，大多只有一部疏散楼梯，没有竖向防火防烟分隔，未设置疏散缓坡，安全出口数量和疏散通道宽度不符合规范要求。

（4）消防设施设备匮乏。部分乡村社会福利机构无火灾事故照明和疏散指示标志，大多数社会福利机构未按消防技术规范要求设置消防设施设备。

（二）常见致灾因素

（1）吸烟。社会福利机构在房间内吸烟的行为比较普遍，尤其是多年吸烟成瘾的老年人夜间卧床吸烟的问题难以防范，无法保证烟蒂、火柴梗等完全熄灭。

（2）明火。部分乡村社会福利机构时常停电，使用蜡烛、油灯等明火照明的情况时有发生。

（3）使用电加热灭蚊器、蚊香。社会福利机构夏季普遍使用灭蚊器、蚊香驱蚊，违反管理规定将其靠近或直接置于床铺上的现象比较普遍。

（4）使用火炉、电取暖器、电热毯等取暖或加热设备。除部分北方社会福利机构使用暖气外，长江以南地区冬季普遍使用电热设备取暖，一些乡村敬老院使用火炉、火盆、火炕较多，稍有不慎，极易引发火灾事故（见图4-2-2）。

图4-2-2　电热设备引燃床单起火

（5）电气设施存在隐患。受经济水平限制和影响，一些贫困地区乡村社会福利机构的电气设施存在大量隐患，线路容量不足、敷设不规范、管线老化、电器设备陈旧、无可靠保护等问题较为普遍。

（6）使用炊事用具。社会福利机构的炊事用具一般由工作人员使用，管理上的缺陷和操作上的不安全行为会增加起火的可能性。如果烹煮食物时无人值守，不及时清理灶前柴草和灶台、灶具、烟道的油垢，不定期对储罐、管道、阀门、灶具等进行安全检查等都有可能引发火灾。

（7）放火和玩火。老年人和儿童的行为易受情绪影响，自我控制能力较弱。老年人在对护理人员不满、子女不孝敬或过度饮酒、有精神病倾向、长期受病痛折磨以及迷信思想作祟的情况下可能会做出放火等极端行为。儿童好奇贪玩，如果疏于管理和教育，可能因玩火引发火灾。

（三）防火措施

1. 消防安全管理

各乡镇政府、村委会应当督促社会福利机构加强消防安全管理，依照《消防法》、《机关、团体、企业、事业单位消防安全管理规定》、《社会福利机构管理暂行办法》、《社会福利机构基本规范》等法律法规和行业标准，认真履行各项消防安全职责，切实防范各类火灾尤其是群死群伤火灾事故。要重点做好以下工作：

（1）依法兴办，合法经营。建设社会福利机构，其建设工程需要进行消防设计的，应当由具有设计资质的设计单位按照国家工程建设消防技术标准设计，建设单位应当将消防设计图纸及有关资料报送公安机关消防机构审核；

未经审核或者经审核不合格的，建设单位不得施工。工程竣工时，必须经公安机关消防机构消防验收；未经验收或者经验收不合格的，不得投入使用，民政部门不得发给《社会福利机构设置批准证书》。

依法不需要进行消防设计审核、验收和其他相关行政审批的，社会福利机构应当提前与有关行政主管部门联系，获得前期政策、法律、技术等支持和服务，避免遗留先天性火灾隐患。对社会福利机构服务场所实行承包、租赁或者委托经营、管理的，产权单位应当提供符合消防安全要求的建筑物，当事人在订立的合同中应当依照有关规定明确各方的消防安全责任，并认真履行。消防车通道、涉及公共消防安全的疏散设施和其他建筑消防设施应当由产权单位或者委托管理的单位统一管理。

（2）建章立制，明确责任。社会福利机构的法定代表人或者主要负责人是本机构的消防安全责任人，对本机构的消防安全工作全面负责。社会福利机构应当落实逐级消防安全责任制和岗位消防安全责任制，明确逐级和岗位消防安全职责，确定各级、各岗位的消防安全责任人。社会福利机构应当制定包括消防宣传教育、培训，防火检查、巡查，消防值班，消防设施、器材维护管理，防火检查、巡查，火灾隐患整改，用火、用电、用气安全管理及灭火和应急疏散演练等在内的规章制度。社会福利机构与服务对象或者其家属（监护人）要签订消防安全责任书，明确各自的消防安全责任、权利、义务。

（3）落实防火检查，及时消除隐患。社会福利机构的防火检查、巡查是日常消防安全管理的重要内容，对于预防火灾、减少火灾危害具有十分重要的意义，务必坚持做到责任到人、认真检查、记录详细、处理及时。防火检查、巡查的重点主要包括以下几个方面：

①吸烟、点蜡烛、点蚊香、用火炉、烧香拜佛以及生产、施工动火等。重点检查烟蒂、火柴梗是否完全熄灭并放入不燃材料制作的烟灰缸；蜡烛、蚊香、火炉、油灯等是否配有安全可靠的盛装器具，上下左右是否与可燃物保持安全距离；生产、施工动火是否办理相关手续，是否落实确保安全的相关措施等。

②电气线路及电器产品，尤其是使用电炉、电热毯、灭蚊器、充电器、加湿器、电烧水器等。重点检查电气线路安装敷设是否符合规定；空气开关、保险盒等保护设施是否安全可靠；线路是否出现过热、胶臭、电弧、电火花、电击焦黑、灯泡闪烁、漏电或异常声响等情况；电器产品是否为老、旧或劣质产品，使用方法是否正确，工作状况是否正常，尤其是电热产品与可燃物是否保持安全距离等。

③厨房、锅炉房、浴室等场所烧柴、烧煤、用气、用油等。重点检查油、气管路、阀门是否存在跑、冒、滴、漏；火门是否关好，是否存在余火；炭

渣、煤灰是否清理干净，倾倒位置或处置是否确保安全等。

④灭火器、消火栓、火灾自动报警系统、自动灭火系统、防火门、防火卷帘、应急照明、疏散指示标志及机械排烟送风、火灾事故广播等消防设施设备。重点检查消防供电、供水是否正常；消防设施设备的工作状况是否正常，如发现故障或损坏，应及时联系维修或更换。

⑤消防车道、安全出口、疏散通道、疏散缓坡等。重点检查安全出口、疏散通道、疏散缓坡是否保持畅通。一般情况下，社会福利机构中供养对象住宿房间的门应保证随时能从外部开启。

⑥值班、应急人员和应急设备。重点检查各级各岗位值班、应急人员是否在岗在位；值班报警电话是否畅通，值班和应急人员电话、对讲系统是否畅通；电筒、扩音器、轮椅、担架等应急物资是否储备到位等。

（4）组织教育培训，提高消防技能。社会福利机构应当通过多种形式开展经常性的消防安全宣传教育和培训。尤其是对管护人员，除上岗前必须进行消防安全培训外，每年还应定期组织教育培训，让收养接待对象了解相关消防法律法规、消防安全制度的基本内容，了解日常生活用火、用电、用气、用油的火灾危险性，掌握火灾预防常识，熟悉疏散逃生的路线、自我保护以及呼叫求助的方法等。管护人员应当掌握相关消防法律法规、消防安全制度、安全操作规程、应急疏散预案的主要内容，掌握用火、用电、用气和用油的火灾危险性和安全使用方法，懂得火灾预防和使用常用灭火器材扑救初起火灾的相关知识和技能，做到会报警、会逃生、会组织，引导和帮助收养接待对象快速有序疏散（见图4-2-3）。

图4-2-3 某福利院对残疾人员进行消防安全教育

（5）完善应急预案，定期组织演练。从大量火灾案例可以看出，制定和完善灭火和应急疏散预案，并经常性开展消防演练，是确保正确有效处置初起火灾、人员及时有序疏散逃生的重要措施。在社会福利机构这类特殊的人员密集场所，其重要性尤显突出。由于社会福利机构类型多样，建筑形式千差万别，因此灭火和应急疏散预案的制定必须结合本机构的实际情况，做到切实可行，并结合至少每半年一次的演练不断完善。灭火和应急疏散预案一般应包括以下内容：

①组织机构。包括：灭火行动组，通讯联络组，疏散引导组，医疗救护组和物资保障组等。

②报警和接警处置。包括：确认部位，判断灾情，报火警119，据情启动火灾警报和播放事故广播，分组实施初起火灾扑救和人员疏散，通知消防主管，联系集结管护人员，据情切断燃气及市电供应，检查已自行启动消防设备工作状况，据情手动启动其他消防设施等。

③应急疏散。包括：收养接待对象自行疏散能力等级划分，管护及值班、应急人员帮助疏散对象划分，安全集结地点，进出人员流线，安全出口和疏散通道的开启和维护，应急照明和防排烟设施的启动和维护，疏散楼层、房间、对象，疏散路线、方式和保护措施，就地保护的对象及措施，人员登记清点等。

④扑救初起火灾。包括：防火分隔设施的启动与维护，自动灭火设施的启动与维护，灭火毯、灭火器、消火栓等灭火设备的使用，油、气管路和阀门的关闭，易燃易爆物资的撤离等。

⑤通讯联络、医疗救护和物资保障等。包括：全体管护人员、消防、供水、供电、供气、交通、医疗等应急通讯联络方式的建立、维护和使用，常用医疗设施、药物的储备和管理等。

制定灭火和应急疏散预案和实施消防演练时应注意以下问题：

①预案制定应注意结合管护人员的作息时间和值班守护制度，对管护人员全员在位正常工作时段、夜间少数人员值班时段和周末、节假日人员轮休时段，应区别对待。

②预案制定应充分考虑专业消防队接警后赶赴社会福利机构的路程和时间，超过15分钟的，应立足自救；5分钟以内能赶到的，则宜主动与消防队联系，尽量保持本机构应急预案与消防队灭火救援预案的有机结合。实施演练时，宜联系消防队指导或直接组织、参与（见图4-2-4）。

③预案制定应全面贯彻"救人第一"的指导思想，核心部分是应急疏散。

④预案制定应严格遵循实事求是、科学客观的制定原则，充分尊重预案

图4-2-4 消防队组织、参与某养老院疏散逃生演练

参与人的意见，充分考量预案参与人的心理、生理、习惯及行为特点，把握科学规律，吸收实践经验，切忌脱离实际、主观臆断、缺乏考证。

⑤预案制定完成后，应向本机构全体人员进行公布，对需要牢记和熟练掌握的内容，宜通过张贴上墙、制作卡片、反复宣讲、多次演练等形式向预案参与人灌输，确保火灾发生时能够迅速作出正确判断和行动。

⑥实施消防演练，目的主要在于检测预案的可行性、提高预案参与人对预案的理解和执行，在演练过程中要避免盲目追求快速，努力达到"组织严密、响应迅速、执行有序、程序完整、方法正确、效果显著、评价客观"的演练效果。

2. 建筑防火设计

社会福利机构的建筑防火设计，应充分考虑老年人、儿童和残疾人的体能、心态特征，重点针对其疏散能力弱这一显著特点，严格执行相关建筑防火设计标准。

（1）选址适当，布局合理，保证快捷施救。社会福利机构宜设于乡村聚居区内或临近聚居区，具备交通方便、水电供应充足、便于医疗救助和消防救援的环境条件。社会福利机构建筑不应毗邻甲、乙类火灾危险性厂房、仓库和甲、乙、丙类液体、气体储罐（区）以及可燃材料堆场，且应保持相应的防火间距。

（2）严格控制建筑耐火等级、层数和防火分区，保证足够的可用疏散时间和实现一定范围内的就地保护。社会福利机构的老年人建筑、儿童活动场所宜独立建造，宜采用一、二级耐火等级建筑，建筑层数宜为 3 层及 3 层以下。当必须采取其他形式建造或设置时，应符合有关规定。

（3）提供更加安全、方便的通道和出口，确保有效疏散。社会福利机构的道路和建筑物设计，应当严格执行有关无障碍设计规范，为老年人、儿童和残疾人提供安全、方便的通行和使用条件。对于安全出口的数量、楼梯间设置形式、疏散宽度、疏散距离、疏散坡度、疏散指示等方面设计，从严把握。

（4）应设置火灾报警系统和自动喷水灭火系统的建筑，必须按要求设计，确保及时发出火灾警报并有效控制初起火灾。火灾自动报警系统报警按钮的信号宜与呼叫求助系统连通，确保信号直接送至有关值班管理部门。

（5）严格控制建筑内部装修，有效降低火灾荷载和烟气毒害。社会福利机构的建筑内部装修，宜采用一次到位的设计方式，尽量避免二次装修。装修材料应积极采用不燃和难燃材料，严禁采用在燃烧时产生大量浓烟或有毒气体的材料。

三、乡镇卫生院

我国的农村医疗卫生服务体系，以县级医院为龙头、乡镇卫生院和村卫生室为基础，构成县、乡、村三级医疗预防保健网。

（一）火灾危险性及消防安全突出问题

1. 疏散难度大

通常情况下，前来就诊或住院的病人大多行动不便，一些骨折病人、正在动手术的病人和正在急救的危重病人，可能完全丧失行动能力。而一些心脏病、高血压病人遇火灾时，由于紧张可能导致病情加重，甚至猝死。因此，与其他场所相比，医疗建筑的疏散难度大。

2. 人员密度大

某一防火分区的人员密度取决于病人、医护人员以及照顾、探视病人的人员数量。通常情况下，相对其他场所而言，医疗建筑属于典型的人员密集场所。

3. 致灾因素多

各类医院在诊断、治疗过程中，必须配备使用各种医疗器械和电气设备（见图 4-2-5），增大了火灾的发生概率。另一个不容忽视的致灾因素是医院需要使用必要的易燃易爆化危品，如果操作、使用、管理不当，极易引发火灾事故。许多手术室内用品，如无菌单、纱布、棉球、胶布以及医疗机械上的橡胶制品等可燃物，在高浓度氧气流中，可发生迅猛燃烧。

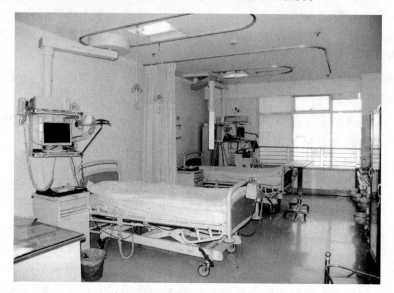

图 4-2-5　病房的医疗器械及设备配置

（二）防火措施

1. 一般防火要求

（1）选址要求和总平面布置

卫生院应符合当地城乡规划和农村医疗卫生网点的布局要求，在交通方便、环境安静并远离污染源和便于利用基础公共设施的前提下，尽量远离高压线路及其设施，远离易燃易爆物品的生产、储存区和少年儿童活动场所。

卫生院的总平面布置，应功能分区合理、洁污路线清楚，在保证诊疗用房的安静环境和病房楼获得最佳朝向的前提下，确保各建筑物之间留有足够的防火间距，合理地布置消防水源和消防车道。

通常情况下，卫生院出入口不应少于 2 处，人员出入口不应兼作废弃物出口，一般应考虑将废弃物出口与人员出入口和供应入口分开。

（2）耐火等级、允许层数和防火分区最大允许面积应根据使用要求、功能流程和节约用地，结合具体条件择优确定允许层数。宜建单层、多层建筑，不宜建高层建筑。

多层建筑的耐火等级一般不宜低于二级，高层建筑耐火等级应为一级。其耐火等级、允许层数和防火分区最大允许面积应满足相关规范规定。

（3）安全疏散

建筑中的安全出口或疏散出口应分散合理布置。一般情况下，每个防火分区的安全出口不应少于 2 个。其最大安全疏散距离、疏散宽度指标应满足相关规范规定。

多层病房楼和超过 5 层的其他公共建筑均应设置封闭楼梯间或室外疏散楼梯；高层建筑应设防烟楼梯间。除规范有特殊规定外，疏散楼梯间在各层的平面位置不应改变。

医疗建筑应按相关规范条文配置应急照明和疏散指示标志。

（4）内部装修

医疗建筑因其使用性质的特殊性、火灾危险性和疏散扑救难度，内部装修的总体原则是尽量采用不燃和难燃性材料，避免采用在燃烧时产生大量浓烟或有毒气体的材料。

安全疏散通道，要严格控制装修材料的燃烧性能等级。无自然采光的楼梯间、封闭楼梯间、防烟楼梯间及其前室的顶棚、墙面和地面均应采用不燃装修材料；地上水平疏散走道和安全出口的门厅，其顶棚装饰材料应采用不燃装修材料，其他部位应采用不低于难燃级装修材料；地下疏散走道和安全出口的门厅，其顶棚、墙面和地面均应采用不燃级装修材料。

（5）消防设施设备

除规范有特殊规定外，医疗建筑必须设置室内、外消火栓系统。

按规范应设置自动灭火系统的场所，除确实不宜用水扑救的场所外，均应设置自动喷水灭火系统。在系统处于准工作状态时，严禁系统漏水、误喷的场所可考虑采用预作用系统。

医疗建筑应按规范设置火灾自动报警系统、消防控制室，按规范配置灭火器。

2. 重点部位防火要求

（1）氧气瓶防火要点

氧气瓶应符合避热、禁油、防撞击等规定。应注意查看瓶体有无油污。仪表应注有"禁油"或"氧气"标记。输氧结束后应关好阀门，撤出病房存放在专用氧气瓶库内。氧气瓶库内不得存放任何可燃杂物，并应及时扫除灰尘，保持清洁。

检查时应查看总控制阀和分路阀门是否灵活严密，整个输氧系统应严密不漏气。擦除氧气钢瓶油污应采用四氯化碳，输氧管道消毒不得使用酒精等有机溶剂，可选用 0.1% 洁灭消毒剂水溶液。

（2）X 光机室防火要点

建筑的耐火等级不宜低于二级。中型以上 X 光机，应设置专用电源变压器，根据最大负载电流配置电源线和开关，以防负载过大发热起火。X 光机的电缆应敷设在封闭电缆沟内；铺在地面部分，应加盖保护，防止机械损伤。X 光机及其设备部件应有良好的接地装置。接地电阻值应满足相关规定。不得用水、气管道等作为 X 光机的接地装置。

X 光机室必须制定完善的安全规章制度。设备必须由专业设备公司负责维护，由专职工程师进行日常维护保养。室内严禁烟火、严禁存放易燃、可燃物品。下班时必须切断电源。消毒和清洗所用易燃液体应由专人负责专柜保管，储存量不得超过 500 毫升。用乙醚清洗机器和电器设备时，必须打开门窗确保通风良好并禁止使用明火，同时应防止产生其他火花引发事故。

（3）胶片室防火要点

胶片室应独立设置，并保持阴凉、干燥、通风。目前适用于激光成像系统和激光照相机所用的干式胶片储存的最佳室温一般不应超过 21℃，最高不得超过 25℃。室内相对湿度应控制在 30%～50% 以内。胶片室内除存放胶片外，不得存放其他可燃、易燃物品和任何化学物质。为防止胶片相互摩擦产生静电，胶片必须装入纸袋放在专用橱架上分层竖放，不得重叠平放。陈旧的硝酸纤维胶片易霉变分解自燃，因此应经常检查，不必要的应尽快清除处理；必须保存时，应擦拭干净存放在铁箱中，同醋酸纤维胶片分开存放。胶片室除照明用电外，室内不得安装、使用其他电气设备。室内严禁吸烟，下班时应切断电源。

（4）病房防火要点

病房是病人接受医疗服务和康复起居的主要场所，也是病人、医务人员、陪护和探望人员密集的场所，是最容易造成群死群伤的地点，要实施严格管理。

要保障疏散通道畅通。疏散通道内不得堆放可燃物品及其他杂物、不得加设病床。为划分防火防烟分区设在走道上的防火门，如平时需要保持常开状态，发生火灾时则必须自动关闭。按相关规定设置的封闭楼梯间、防烟楼梯间和消防电梯前室一律不得堆放杂物，楼梯间和前室的防火门必须保持常关状态。疏散门应采用向疏散方向开启的平开门，不应采用推拉门、卷帘门、吊门、转门。除医疗有特殊要求外，疏散门不得上锁；疏散通道上应按规定设置事故照明、疏散指示标志和火灾事故广播并保持完整好用。

要正确使用氧气。采用氧气瓶供氧，氧气瓶要竖立固定，远离热源，使用时应轻搬轻放，避免碰撞。氧气瓶的开关、仪表、管道均不得漏气，医务人员要经常检查，保持氧气瓶的洁净和安全输氧。同时应提醒病人及其陪护、探视人员不得用有油污的手和抹布触摸氧气瓶和制氧设备。

要安全用火、用电。医务人员要随时检查病房用火、用电的安全情况。病房内的电气设备和线路不得擅自改动，严禁使用电炉、液化气炉、煤气炉、电水壶、酒精炉等非医疗器具，不得超负荷用电。应在病房区以外的专门场所设置加热食品的炉灶并由专人管理，病房内禁止使用明火与吸烟，禁止病人和家属携带煤油炉、电炉等加热食品。

（5）药（库）房防火

药品大都是可燃物，其中不乏易燃易爆化学物品。药库宜独立设立，不得与门诊部、病房等人员密集场所毗连。乙醇、甲醛、乙醚、丙酮等易燃易爆危险性药品应另设危险品库并与其他建筑物保持符合规定的安全间距，危险性药品应按化学危险物品的分类原则分类隔离存放。存放量大的中草药库，中草药药材应定期摊开，注意防潮，预防发热自燃。药库内禁止烟火。库内电气设备的安装、使用应符合防火要求。药库内不得使用 60 瓦以上白炽灯、碘钨灯、高压汞灯及电热器具。灯具周围 0.5 米 内及垂直下方不得有可燃物；应在库房外或值班室内设置电源总闸，库内无人时应将总闸断开。库内不宜设置热水管或暖气片，如必须设时，与易燃可燃药品应保持安全距离。

药房宜设在门诊部或住院部的底层。对易燃危险药品应限量存放，一般不得超过一天用量，以氧化剂配方时应用玻璃、瓷质器皿盛装，不得采用纸质包装。药房内化学性能相互抵触或相互产生强烈反应的药品，要分开存放。盛放易燃液体的玻璃器皿，应放在专用药架底部，以免破碎、脱底引起火灾。药房内的废弃纸盒、纸屑，不应随地乱丢，应集中在专用桶篓内，集中按时清除。药房内严禁烟火。照明灯具、开关、线路的安装、敷设和使用应符合相关防火规定。

3. 消防安全管理的基本要求

根据《机关、团体、企业、事业单位消防安全管理规定》，卫生院的法定代表人或主要负责人是本院的消防安全责任人，全面负责本院的消防安全工作。卫生院应明确逐级消防安全责任制和岗位消防安全责任制，明确逐级和岗位消防安全职责，确定各级、各岗位的消防安全责任人，结合本院实际建立适合本院特点的消防安全管理制度和消防组织，实行消防安全责任目标管理，经常检查，定期考评，确保制度贯彻落实。

（1）按规定实施消防安全管理。所有卫生院都应按照国家有关消防法规要求，切实履行自身的消防安全职责。住院床位在 50 张以上的医院，应按规定向当地公安消防机构申报消防安全重点单位，实行严格管理。

（2）进行消防安全知识普及教育。院方应通过多种形式进行消防安全知识普及教育，强化职工发现隐患和整改隐患的能力、处置初起火灾的能力、引导在场人员疏散的能力和实施消防宣传教育的能力。

（3）制定应急疏散预案，定期组织演练。院方应根据病人疏散难度大、人员高度密集等特点，结合本院情况，制定适合医疗、医技和后勤供应等不同场所以及不同病科发生火灾时逃生的预案，并定期组织演练，提高火灾时的应急反应能力。

（4）确定消防安全重点部位。院方应根据本院实际情况，确定消防安全重点部位，加强消防安全管理。一般应将住院楼、氧气瓶库、放射科、手术室、变配电间和药库等场所确定为本单位的消防安全重点部位，设立防火标志，建立消防安全档案，实行严格管理。

（5）加强用火、用气和用电管理。一是严禁乱拉乱接电线，严禁在病房内擅自使用电炉、电热毯等电气设备。二是病房内严禁烟火。为方便病人设置的加热食品的炉灶，必须统一设在固定的安全地点，并设专人管理。当受条件所限，病房内必须采用明火取暖时，要选择安全地点，指定专人负责看管。三是用电无压开水锅炉、燃气热水器应指定责任人负责管理。

（6）按规定实施防火检查和巡查。院方应根据相关规定实施防火检查和巡查，做好检查记录，发现火灾隐患，及时整改。安全疏散系统是检查和巡查的重点，必须满足以下三条要求：一是要确保疏散通道、安全出口畅通，并设置符合规定的消防安全疏散指示标志和应急照明设施。二是疏散用门应采用向疏散方向开启的平开门，不应采用推拉门、卷帘门、吊门、转门；需要控制人员随意出入的疏散用门，应保证火灾时不需使用钥匙等任何工具即能从内部打开，并应在显著位置设置标识和使用提示。为划分防火防烟分区设在走道上的防火门，如平时需要保持常开状态，发生火灾时则必须自动关闭。三是不宜在窗口、阳台等部位设置金属栅栏，当必须设置时，应有从内部易于开启的装置。窗口、阳台等部位宜设置辅助疏散逃生设施。

（7）建立健全消防档案

卫生院要建立包括消防安全基本情况和消防安全管理情况在内的消防档案，坚持做好动态管理，并统一保管、备查。

四、歌舞厅、网吧等公共娱乐场所

随着农村生活水平、生活质量的不断提高，农村公共娱乐场所逐年增多，火灾起数大幅上升，甚至群死群伤恶性火灾事故也时有发生。

【案例】2008年9月20日，深圳市龙岗区三和村舞王俱乐部（见图4-2-6）发生火灾，造成44人死亡、58人受伤，直接经济损失1589.76万元。起火原因是演员用自制礼花手枪向顶棚处发射烟花，导致聚氨酯泡沫装修材料起火燃烧。

（一）火灾危险性及消防安全突出问题

1. 建筑消防安全条件先天不足

目前，许多乡村公共娱乐场所是由村民住宅或其他建筑改造而成的，多数存在建筑布局不合理、防火间距不足、疏散通道不畅、安全出口数量不足等难以整改的先天性火灾隐患，不符合建筑防火要求。

2. 违规装饰装修

一些乡村公共娱乐场所在装修中大量使用木材、纤维板、胶合板、泡沫塑料以及壁纸等易燃、可燃材料，一旦发生火灾，燃烧猛烈，火灾蔓延迅速，

图 4-2-6 三和村舞王俱乐部

并产生大量有毒烟气，给在场人员造成严重威胁。

3. 用电量大，电气隐患突出

公共娱乐场所内的电视机、影碟机、游戏机、饮水机、音响、灯光等电器，以及在墙外设置的霓虹灯广告牌，用电量大、工作时间长，如果电气线路本身安装敷设不规范，又经常处于超负荷运行状态，极易引发火灾。

4. 安全疏散条件差

部分公共娱乐场所平面布局复杂，桌椅摆放密集，疏散走道狭窄，又经常堵塞、占用疏散通道，锁闭安全出口，加之疏散指示标志、火灾事故照明不满足基本要求的情况十分普遍，场所一旦发生火灾，人员疏散十分困难。

【案例】2005 年 12 月 25 日，广东省中山市坦洲镇檀岛西餐厅"老虎吧"灯具引燃周围可燃物成灾，过火面积 241 平方米。由于该场所空间狭窄，人员难以逃生，共造成 26 人死亡、11 人受伤，直接财产损失 11.6 万元。

5. 消防设施、灭火器材不完善

目前，许多农村公共娱乐场所未按规定配置灭火器和室内消火栓等消防设施，有的场所虽设有室内消火栓，但无水或水量、水压不足，消火栓箱内无水带、水枪等现象相当普遍。

6. 消防安全意识差

部分农村公共娱乐场所经营者防火安全意识淡薄，消防安全管理不严格，场所的消防安全制度不健全，消防安全责任不落实。员工未经过消防安全培训，缺乏基本的消防安全常识和防火灭火知识，不掌握场所的火灾危险性，违章用火、用电，发生火灾时不会组织引导疏散，不会报火警，不会使用灭火器材。一些消费者缺乏应急处置和逃生技能，发生火灾时现场易出现混乱，造成人员伤亡。

（二）防火措施

1. 消防技术要求

（1）场所设置要求。公共娱乐场所严禁设置在文物古建筑内，不得在住宅楼内改建。宜设置在一、二级耐火等级建筑物内的首层、二层或三层靠外墙部位，不宜布置在袋形走道的两侧或尽端；当必须布置在袋形走道的两侧或尽端时，最远房间的疏散门至最近安全出口的距离不应大于9米。与其他建筑相毗连或者附设在其他建筑物内时，应当按照独立的防火分区设置。

（2）装饰装修要求。公共娱乐场所内的顶棚、墙面、地面等部位应按照规范要求采用不燃或难燃材料。建筑内部的配电箱不应直接安装在可燃、易燃材料基座上；消火栓箱门不应被装饰物遮挡，四周的装修材料颜色应与消火栓箱门的颜色有明显区别。建筑内部装修不应遮挡消防设施、疏散指示标志及安全出口标志，不应妨碍消防设施和疏散走道的正常使用。

（3）安全疏散设施要求。公共娱乐场所的安全疏散出口数量一般不应少于2个，相邻两个出口最近边缘之间的水平距离不应小于5米，每个安全出口上部都应设置安全疏散出口标志。公共娱乐场所的疏散走道、安全出口、疏散楼梯以及房间疏散门的宽度，应按规范计算确定，疏散距离最长不应超过40米，确保满足最不利条件下的疏散要求。设有公共娱乐场所的建筑楼梯间类型应满足规范要求。

安全疏散门应向外开启，不得采用卷帘、旋转门、吊门或侧拉门。门口不得设置门槛、台阶，不得悬挂门帘等影响安全疏散的遮挡物。不得在窗口、阳台等部位设置金属栅栏，当必须设置时，应有从内部易于开启的装置。窗口、阳台等部位宜设置辅助疏散逃生设施。

疏散走道、楼梯口、走道的转角处应设置发光安全疏散指示标志。走道上的疏散指示标志间距不应大于20米，且应设置在疏散路线上距地面1米以下的墙面上。疏散走道上应设置火灾事故应急照明灯具，应急照明灯具宜设在墙面或顶棚上。

（4）消防设施、灭火器材配置要求。公共娱乐场所应当按照规范要求设置室内消火栓系统、自动喷水灭火系统等建筑消防设施，并确保完整好用，同时应按规范配足 ABC 干粉灭火器。

（5）电气设备、线路设置要求。公共娱乐场所内的电气设备应置于空气干燥、通风良好的环境中，并有可靠的接地保护。用电功率较大的电气设备，宜采用单独的供电线路，并应采用耐火耐热的绝缘导线。电气设备及控制设施不应直接安装在可燃构件上，应加垫不燃材料做防火隔热处理。公共娱乐场所使用的各类电气设备应根据其用电负荷和环境特点，正确选用导线的规格、型号。闷顶内的电气线路应穿金属套管保护。导线相互连接或导线与电气设备的连接应牢固，在接点处包缠的绝缘材料其绝缘强度应与原导线相同。

2. 公共娱乐场所消防安全管理要求

（1）落实消防安全责任。公共娱乐场所的法定代表人或者非法人单位的主要负责人是本场所的消防安全责任人，应当对本单位的消防安全工作全面负责。属于消防安全重点单位的公共娱乐场所应确定消防安全管理人。公共娱乐场所应当落实逐级消防安全责任制和岗位消防安全责任制，明确逐级和岗位消防安全职责，确定各级、各岗位消防安全责任人，并逐级签订消防安全责任书。

（2）开展消防安全自查。公共娱乐场所应当按照规定每日进行防火巡查。营业期间应当至少每两小时巡查一次。营业结束时，应对营业现场进行全面检查，重点查看电源是否切断，有无乱扔的烟头、遗留的火种等。公共娱乐场所应当每月至少进行一次全面防火检查。对在防火巡查、检查中发现的火灾隐患，应当立即消除；对于不能立即改正的火灾隐患，巡查、检查人员应当及时向消防安全责任人报告。消防安全责任人应当落实整改火灾隐患的资金、措施和期限。火灾隐患消除前，必须落实防范措施，保障消防安全。

（3）加强消防安全宣传教育。公共娱乐场所在开业前，应组织对从业人员进行消防安全培训，使公共娱乐场所全体员工掌握必要的消防安全知识，确保做到"三懂、四会"（懂得本部门的火灾危险性，懂得预防火灾的措施，懂得自查整改火灾隐患；会报警，会使用灭火器材，会组织人员疏散，会扑救初起火灾）。由于公共娱乐场所从业人员经常变动，消防培训应做到经常化、制度化，员工应当至少每半年进行一次消防安全培训，新上岗的员工应当接受上岗前消防安全培训。应当在公共娱乐场所醒目位置广泛张贴消防宣传标语、消防常识，提示消费者注意消防安全。

（4）制定灭火、应急疏散预案并开展演练。公共娱乐场所的消防安全责任人应当组织制定灭火、应急疏散预案，预案应当符合本场所的建筑特点、经营方式和火灾特点，并在演练、运用中不断修改完善。在开展灭火、应急疏散演练时，应当事先告知演练范围内的人员，备好所需的器材、装备，设置明显标识。演练开始前，组织者应当向参与人员讲明预案的内容，使参与者掌握各自职责分工、安全注意事项等内容，使演练能够达到预期效果。

（5）健全消防档案。公共娱乐场所应当建立健全消防档案，全面记载本场所各种消防安全活动。消防档案应由专人负责，并列为规范化管理的重要内容。

五、农家乐、出租屋、家庭旅馆等餐饮、住宿场所

近年来，农家乐、出租屋、家庭旅馆等餐饮、住宿场所火灾频发，时常造成多人伤亡。由于这些场所普遍存在小、散、多、远的特点，容易成为火灾防控工作的盲点。

（一）火灾危险性及消防安全突出问题

1. 农家乐

农家乐是利用庭院、堰塘、果园、花圃、农场等农、林、牧、渔业的资源优势，提供观光、娱乐、运动、住宿、餐饮或购物的经营实体。作为一类新兴的旅游休闲形态，在广大农村和城乡结合部，各式各样的农家乐发展迅猛。其火灾危险性主要有：

（1）建筑耐火等级低，自身抗御火灾能力差。农家乐建筑多数依托农户原有住宅改建或仿照乡村田园风格新建，大量使用木、竹、茅草等可燃建材（见图4-2-7），有的还使用帐篷、毡房等。同时，多数农家乐建筑缺少基本的消防设施设备，一旦发生火灾，火势发展和蔓延迅速，扑救困难。

图4-2-7　某竹木结构的农家乐

（2）用火用电频繁，容易引发火灾。农家乐在经营活动中，大量使用液化石油气、沼气、柴油、固体酒精、木材、煤炭等燃料，用火频繁；白炽灯、荧光灯等照明灯具和电视机、电冰箱、空调、电热取暖器、电热水器、电动麻将机等电气产品线路的敷设往往不规范，极易引发火灾。

（3）人员密度大，安全疏散困难。周末和节假日通常是农家乐的消费高

峰时段，在此期间，往往出现客房住宿紧张、就餐及娱乐活动人员密集等情况，加之游客对建筑内部环境不够熟悉，火灾发生时人员逃生自救难度增大。同时，由此也往往会带来交通道路拥挤、车辆停放密集等问题，给灭火救援、人员疏散造成困难。

（4）火灾隐患或违法行为突出。在一些提供住宿、休闲娱乐的农家乐，疏散楼梯设置形式不符合要求、安全出口数量不足等火灾隐患突出，部分农家乐出于对防盗、减少值班及安保人员开支、躲避执法部门检查等考虑，常常在营业期间锁闭安全出口，一旦发生火灾，极易造成人员伤亡，甚至是群死群伤。

2. 出租屋

出租屋是以营利为目的，出租给他人居住的房屋（旅馆除外）。随着社会经济的快速发展，外来务工、经商人员逐年增多，特别是在经济较发达地区的城乡结合部和广大乡村，私房出租现象十分普遍。出租屋使用性质复杂，管理薄弱，由此带来的消防安全问题十分突出。

（1）出租屋面广量大，难以管控，各项安全管理措施难以得到有效落实，特别是由于乡村的消防安全意识普遍比较淡薄，房屋出租往往没有消防安全方面的约定，出租屋内燃气、电器等设备故障往往难以得到及时解决，消防安全隐患不易及时消除。

（2）出租屋火灾隐患突出，建筑耐火等级低、防火间距不足、乱拉乱接电线或超负荷用电、采用木板分隔房间、消防设施老化或配备不够、疏散通道堵塞、安装铁栅栏或金属防护栏、在公共走道及楼梯间内使用明火煮食等现象十分普遍。

（3）租住人员普遍缺乏消防安全常识，不掌握扑救初起火灾的技能和基本的火场逃生技能，发生火灾时不能及时报警、灭火、逃生自救和互救。

（4）出租屋使用性质复杂，除生活住宿外，作为集体宿舍及娱乐、加工生产维修、货物经营储存等场所使用也十分普遍，但房屋本身条件不满足使用功能安全需要的情况大量存在。同时，一些承租人往往不顾安全对出租屋进行改造和装饰装修，增大了火灾危险。

（5）受经济条件限制，在城乡结合部和一些经济相对发达、外来务工人员较多的乡村，出租屋合租、群租现象突出，一旦发生火灾，容易造成群死群伤。

近年来，各地出租屋火灾事故多发，一次死亡3人以上的火灾频频发生（见表4-2-3）。

表 4-2-3   近年国内部分出租屋火灾案例

2006 年 4 月 8 日	福建龙海一出租房发生火灾,致 9 死 10 伤
2006 年 5 月 20 日	浙江瑞安一出租房发生火灾,致 6 死 9 伤
2006 年 8 月 10 日	云南昆明官渡区一出租房起火,造成 10 人死亡
2006 年 9 月 20 日	温州瓯海区一出租房发生火灾,致 6 人死亡
2007 年 7 月 26 日	上海松江一出租房起火,致 6 人死亡
2007 年 5 月 14 日	浙江瑞安一出租房起火,致 6 死 1 伤
2008 年 6 月 29 日	北京通州区马驹桥镇一出租房起火,致 4 人死亡
2008 年 12 月 8 日	温州一出租房起火,造成 5 人死亡
2009 年 1 月 15 日	广东汕头一出租屋发生火灾,致 5 人死亡
2009 年 1 月 12 日	浙江余姚一出租房发生火灾,致 4 人死亡
2009 年 3 月 18 日	浙江温州一出租房凌晨起火,致 3 人死亡
2010 年 3 月 24 日	广西柳江一出租房发生火灾,致 3 人死亡

3. 家庭旅馆

家庭旅馆是以个体经营管理服务为主要形式的小型住宿接待设施(见图 4-2-8)。由于其设置要求不高,投入资金较少,因此在广大乡村方兴未艾。在一些旅游业开发较好的乡村,家庭旅馆更是挨家挨户。从总体上看,家庭旅馆的消防安全问题主要表现在以下几个方面:

图 4-2-8   某古镇家庭旅馆

（1）数量大、分布广，且多数未经有关行政许可就投入使用，消防安全管理难度大。

（2）火灾隐患较突出。由住宅改建的家庭旅馆，多数未按相关规范采取必要的建筑防火措施。安全出口和疏散楼梯的型式、数量不符合要求，安全疏散距离过大等问题十分普遍。灭火器、疏散指示标志和消防应急照明等基本消防器材配置不符合要求。用火、用电、用气不符合消防安全要求，私拉乱接电气线路、违章使用燃油燃气等现象严重。一些场所还大量使用易燃、可燃装修材料。

（3）消防安全管理薄弱。经营负责人和管理人员多为一些下岗职工或赋闲在家人员，员工基本从农村招募，绝大多数从业人员未经消防培训，消防工作基础薄弱，消防常识极其缺乏，一旦发生火灾，不能实施正确有效的处置。

（二）防火措施

1. 农家乐和家庭旅馆的消防安全管理

（1）农家乐、家庭旅馆开业前，应依法向当地公安消防机构申报开业前的消防安全检查。农家乐、家庭旅馆开业后，应当依法制定并落实各项消防安全制度。

（2）加强用火管理。除厨房外，其他部位不宜使用明火。对燃料管道、法兰接头、仪表、阀门应定期检查，防止泄漏；发现可燃、易燃气体泄漏时，应立即关闭阀门，及时通风，妥善处置。使用瓶装液化石油气做燃料，必须设置专门的储罐间，并应符合相关消防技术规范规定，严禁在厨房内储存瓶装液化石油气罐。使用固体酒精炉、煤油炉，严禁在明火熄灭前加注燃料。使用蜡烛时，必须将蜡烛置于不燃材料基座上，并与其他可燃物品保持足够距离。营业结束后，应清理场所内部遗留火种，未熄灭的烟头等不得倒入垃圾桶。

（3）加强用电管理。电器设备应由具相应资格的电工安装、维修。配电线路宜穿管敷设，敷设在闷顶内的配电线路应穿金属管保护。严禁用铜线、铝线代替保险丝。严禁乱拉乱接电气线路。电气线路上严禁擅自增加电气设备，以防过载引发火灾。营业结束后，应切断电源。

（4）加强疏散设施管理。应定期检查疏散门、消防应急照明、疏散指示标志，确保功能完备。疏散通道、安全出口应当保持畅通，严禁占用疏散通道和在安全出口、疏散通道上安装栅栏。消防应急照明和疏散指示标志不应被遮挡和覆盖。营业期间，严禁锁闭安全出口。

（5）加强消防设施管理。应当按照有关规定配齐各项消防设施。严禁锁闭灭火器箱。室内消火栓不应被遮挡、圈占、上锁，消火栓箱内应配齐水带、水枪。设有自动喷水灭火系统、火灾自动报警系统时，应当确定具有相应上岗资质的人员操作并按照有关规定定期检查测试，确保完整好用；严禁遮挡或拆除洒水喷头、火灾探测器，严禁擅自停用消防设施。

（6）加强消防安全培训与演练。组织消防安全培训（见图4-2-9），确保员工了解场所的火灾危险性，掌握消防设施的性能及灭火器的使用方法，知道如何引导疏散逃生、如何报告火警、如何扑救初起火灾。

图4-2-9 某农家乐员工正在接受火灾扑救常识培训

2. 出租屋消防安全管理

（1）明确责任，加强协调配合。

①按"属地管理"原则，明确出租屋消防安全管理的主管部门和人员，明晰各职能部门的具体监管职责和任务，建立健全联动机制，督促职能部门转变观念，树立出租屋消防安全监管责任的主体意识，加强协调配合，采取联合检查、联合执法等办法，实现齐抓共管。

②细化、分解落实出租屋消防安全监督管理责任，指导并监督出租屋责任人（出租屋主及二手房东）落实消防安全自管责任，推进职能部门监管责任以及消防机构执法责任的落实。

③将出租屋消防安全监管工作纳入各相关职能部门年度考核量化指标，建立与责任制落实相适应的考核机制，依法组织开展出租屋消防安全宣传教育、消防安全检查、信息反馈与检查督办，进一步建立、完善和落实责任倒查制度，强化消防主管部门的跟踪处理力度，推动出租屋消防安全监管工作的常规化、制度化。

（2）疏堵结合，依法整治隐患。

①坚持"打防并举、堵疏结合、标本兼治"的原则，充分发动社会各方力量，完善出租屋消防安全日常巡查和专项检查制度，及时掌握出租屋消防安全动态，并制定切实可行的措施，做到发现一处整改一处。

②建立健全职能部门之间的联合执法机制，充分发挥各职能部门的作用，实现信息共享，加大整治力度，共同做好出租屋消防安全工作，务求做到有人检查、有人整改、有人跟踪落实，确保"不留死角、不留盲点、不留隐患"。

（3）因地制宜，统一工作标准。

①由相关政府部门负责出租屋消防整治标准及专项规划的制定和解释，做到有据可依、有法可循。

②管理人员按照标准判别出租屋消防安全隐患，提高日常检查登记质量，及时反馈和督促整改隐患。

（4）强化教育，提升安全意识。

①充分发挥各级各类培训机构作用，开展有针对性的培训，广泛组织社区、工厂企业、出租屋主、二手房东及租住人员参与教育培训，推动消防安全宣传教育进社区、进厂企、进出租屋等工作。

②充分发挥电视、宣传栏、海报、传单等媒介作用，适时组织座谈会，以出租屋主、二手房东和租住人员为消防安全宣传主要对象，广泛开展消防法律法规和防灭火自救、互救等知识的宣传教育，扩大宣传教育效果，从根本上提高群众的消防安全意识。

③在干部、教师、学生、离退休人员、外来务工人员等群体中大力发展出租屋消防志愿者，发挥志愿者分布层次广、年龄跨度大、服务形式多样的特点，巩固并扩大宣传教育成果。

六、商店、集贸市场、个体商铺等商品经营场所

商品经营场所发生火灾，往往会造成大量人员伤亡或重大财产损失，切实做好此类场所火灾预防，对维护本地区火灾形势稳定具有重要意义。

（一）商店

1. 火灾危险性及消防安全突出问题

（1）可燃物多，火灾蔓延快。一般百货商店经营的商品多为可燃物，且营业厅面积大，中庭和共享空间难以有效进行防火分隔，发生火灾后，横向、纵向火势蔓延都很迅速，容易形成立体燃烧。

【案例】1999 年 10 月 9 日，广州市白云区竹料镇永发购销综合店一员工用电热丝切割海绵，离开时没有切断电源，电热丝引燃邻近堆放的海绵发生火灾，造成 15 人死亡，烧毁建筑面积 1300 余平方米，直接财产损失 92 万元。

（2）人员集中，疏散困难。商店营业时人员密集，一旦起火，容易发生拥挤、踩踏，极易造成重大伤亡。同时，商店内的棉、毛、化纤织物、橡胶制品、塑料制品及高分子材料等起火后，不仅产生大量烟雾，而且会释放出大量的有毒气体，增大疏散难度。

（3）电气设备多，易引发火灾。安装在商店顶、柱、墙上的照明灯、装饰灯数量多，用电量大。商店橱窗或柜台内安装的射灯表面温度高，可以将可燃物烤燃。商店经营照明器材和家用电器的柜台，通常装设临时电源插座；没有空调系统的商店，在夏季需要使用电风扇降温；商店附设的服装加工部和家用电器、钟表、眼镜、照相机等修理部，经常使用电熨斗、电烙铁等电热器具。如果这些用电设备设计、安装、使用不当，极易引起火灾。

（4）施救困难，灭火难度大。商店建筑空间形式相对复杂，火场温度高、火势猛、烟雾浓，周边消防车通道往往被摊位挤占，消防车无法靠近，施救困难。

2. 防火措施

（1）合理划分防火分区并设置防火分隔。商店应当按照规范要求划分防火分区。商店的小型中转仓库、服务加工及家用电器、钟表、眼镜修理部等，应与营业厅分开独立设置，或用防火墙分隔。

（2）严格火源电源管理。商店内禁止使用电炉、电热杯、电水壶等电加热器具，禁止吸烟。使用电熨斗、电烙铁，应备有不燃材料制成的托架，不得直接放在可燃物品上，用后应立即切断电源。商店装饰装修过程中，营业厅与装修区之间应进行防火分隔，营业期间禁止动火。

（3）加强易燃易爆危险品管理。普通商店内不得经营烟花爆竹、发令枪纸、汽油、煤油、酒精等易燃易爆危险品。钟表、照相机修理等作业使用酒精、汽油清洗零件时，现场应禁用明火。

（4）保证疏散通道畅通。营业厅内的主要疏散通道应直通安全出口。主要疏散通道的净宽度不应小于 3 米，其他疏散通道净宽度不应小于 2 米；当一层的营业厅面积小于 500 平方米时，主要疏散通道的净宽度不应小于 2 米，其他疏散通道净宽度不应小于 1.5 米。营业厅内任何一点距最近的安全出口直线距离不宜大于 30 米，且行走距离不应大于 45 米。

（5）设置安全疏散线路指示标志和应急照明灯具。商店内应按规范要求设置疏散指示标志和应急照明灯具，并应保持明显有效。禁烟标志应醒目。

（6）设置消防设施、灭火器材。商店应按规范要求设置室内消火栓系统、火灾自动报警系统、自动喷水灭火系统等建筑消防设施，配备灭火器。

（二）集贸市场

1. 火灾危险性及消防安全突出问题

（1）物资集中，可燃物多。集贸市场内经营的布匹、衣服、家具、建材等，大多是可燃物。一些市场没有专用的仓库，摊位拥挤，有的甚至将易燃易爆危险品与一般货物混存经营，没有必要的防火分隔，一旦着火，势必"火烧连营"。

（2）疏散通道堵塞。一些摊主为了增加经营空间并吸引顾客，扩大摊位挤占疏散通道，甚至将疏散通道全部堵塞，如果发生火灾，人员疏散困难。

（3）建筑耐火等级低。一些农村集贸市场多利用旧建筑改、扩建而成，建筑耐火等级低，一旦发生火灾，易造成大面积燃烧或建筑垮塌。

（4）用火用电不规范。一些摊主只顾方便，在摊位旁生火做饭，乱拉乱接电线，使用电炉、取暖器等，如疏于管理，容易造成火灾事故。

（5）经营者消防安全素质低。由于市场竞争激烈，集贸市场内摊位更换频繁，多数刚进入市场的摊主消防安全意识淡薄，不掌握必要的消防安全常识，不能及时扑救初起火灾，不懂得如何疏散顾客，甚至不会报火警。

（6）公共消防设施匮乏。受经济条件的制约和地域环境的影响，许多集贸市场内的消防设施、消防水源等不完善。有的集贸市场由大棚式摊位逐渐扩展而成，由于没有及时增设消防设施，无法满足灭火需要。

2. 防火措施

（1）规划设计。在建设规划农村大型集贸市场时，应合理规划消防通道、防火间距、消防水源等。

大型室内集贸市场的建筑耐火等级不应低于二级。对于一些利用原有建筑改建的耐火等级较低的集贸市场，应限制其使用功能和商品经营种类，并制定规划，逐步拆迁改造。

室外搭建的集贸市场，其顶棚应当采用不燃或难燃材料。室外集贸市场不得堵塞消防车通道和影响公共消防设施的使用，与甲、乙类火灾危险性的厂房、仓库和易燃、可燃材料堆场应保持 50 米以上的距离。室外集贸市场在高压线下两侧 5 米以内不得摆摊设点。

（2）配置消防器材。集贸市场应按规范要求设置室内外消防给水系统，配置必要的灭火器材。消防设施、器材应每半年检查一次，确保完整好用。消防设施、器材应设置在明显和便于取用的地点，明确专人管理，任何人不得圈占、遮挡消火栓。摊主都应当掌握灭火器的使用方法，发生火灾时，能及时扑灭初起火灾。

（3）合理布置商品。集贸市场应按商品的火灾危险性和灭火方法的差异合理布局，划分不同区域，将火灾危险性较大的商店布置在市场边缘相对独立地带，减少火灾事故对集贸市场整体的影响。饮食摊点和用火用电较多的加工维修商店，应独立设置分区。集贸市场内严禁经营易燃易爆危险品。

（4）保持通道畅通。集贸市场应保证疏散通道畅通，不得在疏散通道上放置任何影响疏散的物品，不得在通道上摆摊设点、占道经营。必须保证安全出口畅通，严禁将安全出口封堵、上锁。疏散通道及拐弯处、安全出口等处应设置疏散指示标志。通道上的疏散指示标志的间距不应大于20米，距地面高度不应大于1米；安全出口处的标志应设在门的顶部。

（5）落实消防安全责任。集贸市场的消防安全工作由主办单位负责，主办单位应当建立消防管理组织机构，多家合办的集贸市场应当成立有关单位负责人参加的消防领导机构，统一管理消防安全工作。

集贸市场的负责人是该市场的消防安全责任人，应当履行以下职责：与参与市场经营活动的单位和个人签订《防火安全责任书》；组织开展消防安全教育，制定用火用电等防火管理制度；组织防火人员开展消防检查，整改火灾隐患，制定紧急疏散方案；依法组建专职、义务消防队，制定灭火预案，开展灭火演练；负责市场内灭火器具等消防器材的配置；组织扑救初起火灾和人员疏散，保护火灾现场。

各类集贸市场应当建立义务消防队。规模较大的集贸市场应当按照有关规定配备专职防火人员，规模较小集贸市场可设兼职防火人员。集贸市场内应当实行消防安全值班和巡逻检查制度，集贸市场内的从业人员，应当接受市场主办或合办单位的防火安全管理，各摊主应当接受消防安全教育和培训并参加义务消防组织扑救火灾。

（6）加强火源电源管理。集贸市场内严禁燃放烟花爆竹或焚烧物品。在划定的禁火区域，应当设置醒目的禁火标志。集贸市场内的电气线路和用电设备，必须符合国家有关电气设计、安装规范的要求。集贸市场内各摊位所使用的电气线路和用电设备，必须统一由主办单位委托具有资格的施工单位和持有合格证的电工负责安装、检查和维修，严禁摊主拉设临时线路。集贸市场的营业照明用电应当与动力、消防用电分开设置。室外集贸市场不应设置碘钨灯等高温照明灯具，集贸市场内的电源开关、插座等，应当安装在封闭式的配电箱内，配电箱应当用不燃材料制作。

（三）个体商铺

1. 火灾危险性及消防安全突出问题

（1）建筑消防安全条件差。农村个体商铺规模较小，大多由村民住宅改造而成，耐火等级通常为三级或三级以下。许多店铺仅有一个安装了卷帘门的出口，有的在窗上安装铁栅栏，一旦发生火灾，疏散相当困难。

（2）易燃、可燃物多。个体商铺经营空间小，商品集中，商品大多是服装、鞋帽、工艺美术品、箱包、饰物、日用品等可燃物（见图4-2-10），甚至有打火机、丁烷气等易燃易爆危险品。商品多为散放，表面积大，一旦发生火灾，火势迅速蔓延。

图 4-2-10 某农村个体商铺

（3）"家带店"现象普遍，致灾因素多。个体商铺往往是"家带店"模式，由于日常生活需要，店内常使用各种家用电器，生活用火形式多样，同时一些商铺还存在私拉乱接电线、乱扔烟头、儿童玩火等现象。一些"家带店"还带有阁楼，下面店铺上面住人，一旦发生火灾，极易造成人员伤亡。

【案例】2005 年 1 月 7 日，吉林省延边自治州图们市石岘镇五委宏发商店发生火灾，烧毁建筑 230 平方米，直接财产损失 38.2 万元。火灾原因是宏发商店业主在店内烧香不慎，引燃附近可燃物所致。

（4）经营户消防安全意识差。个体商铺经营户或营业员通常没有经过消防安全培训，消防安全意识淡薄，防火知识缺乏，消防技能薄弱，麻痹思想严重，稍有不慎，极易引发火灾。

2. 防火措施

（1）合理设置。个体商铺宜独立建造。如设置在居住建筑内，居住建筑与商业用房之间应采取必要的防火分隔措施，安全出口应分别设置。

（2）加强消防安全管理。公安派出所应按照有关规定对个体商铺进行日常的消防监督检查，及时督促整改火灾隐患，并掌握个体商铺从业人员基本情况。个体商铺相对集中的乡村，村民委员会应确定专（兼）职防火干部，及时检查、反馈个体商铺存在的火灾隐患，协助公安派出所做好消防管理工作。

（3）加强消防宣传教育培训。公安派出所、村民委员会应建立消防安全教育机制，深入个体商铺进行消防安全宣传教育。要根据个体商户的不同性质，举办不同类型的培训班，提高个体商户的法制观念和消防安全意识，落实消防安全责任制，自查自改火灾隐患。有条件的乡村，可在个体商铺密集区成立由个体从业人员参加的志愿消防队，定期开展灭火演练。

第三节　宗教、祭祀、民俗活动场所防火

在我国广大农村，宗教、祭祀、民俗活动种类繁多，引发火灾事故的风险较大。根据不同活动的火灾危险性，采取相应的防火措施，对于稳定农村火灾形势十分重要。

一、寺庙、教堂等宗教活动场所

我国是一个有五千年历史的多民族国家，悠久的文明积淀了大量宗教建筑（寺、庙、观、院、教堂等），其中有相当一部分被列为文物保护单位，承载着厚重的宗教和民族文化，具有唯一性和不可替代性，一旦发生火灾，往往会造成无法弥补的损失和影响。

（一）火灾危险性及消防安全突出问题

1. 建筑耐火等级低，可燃易燃物品多

宗教建筑多为土木结构或砖（石）木结构，也不乏全木结构。场所内的绸缎、经幡、法幢、帐幔等易燃可燃物品随处可见，点灯照明用的油，烧饭用的液化石油气，香客供奉的鞭炮、香、烛、纸等都属于易燃物品，如遇火源极易引发火灾。

2. 建筑物相互毗连，防火间距不足

各类宗教建筑出于整体功能布局和使用要求的考虑，建筑物紧密相连，院套院、门连门、台阶遍布、高低错落，无防火分隔；有些清真寺、教堂毗连住宅区，一旦失火，火势迅速蔓延。

3. 道路不畅通，消防救援困难

寺院、道观等宗教活动场所多数建在偏远山区，有的建在高山峻岭之上，有的地处深山峡谷之中，道路崎岖，一旦发生火灾，消防车辆难以及时赶到现场。

4. 用电用火不规范，致灾因素多

宗教场所内用火点多，油灯、蜡烛、香火长明不熄；建筑内大多数电气线路未采取防火保护措施，有的开关敷设在木质配电板上，有的线路严重老化。一些深山古寺防雷设施不完备，容易因雷击引发火灾事故。

【案例】2003 年，列入世界文化遗产的湖北武当山遇真宫因电气故障引

发火灾，遇真宫大殿主殿基本烧毁，烧毁面积283平方米（见图4-3-1、图4-3-2）。

图4-3-1　火灾前的遇真宫

图4-3-2　火灾后的遇真宫

5. 消防投入不足，设施配备不到位

一些宗教团体经费紧张，重要活动场所没有配备相应的消防设施。有的寺观地处悬崖峭壁之上，供水压力不足，难以保障消防用水；一旦发生火灾，无法及时有效处置，致使小火酿成大灾。

6. 人员密集，安全疏散难度大

宗教场所是人员密集场所，大的宗教活动常常会集聚成千上万人，甚至数十万人，如果安全措施不到位，只要发生小火，往往也会引起群众恐慌，发生惨剧，国内外教训不少。

【案例】2005 年 1 月 15 日，印度西南部马哈拉斯特拉邦在举行大型宗教活动时因火灾引发踩踏事件，造成 300 多人死亡，另有数百人受伤。

7. 消防管理薄弱，自防自救能力差

宗教活动场所的主管部门牵涉到民族宗教事务、民政、旅游等部门，但消防工作的管理责任不够明确，容易被人忽视。有些宗教场所系民间集资修建，由民间选举管理人员负责场所日常管理使用，管理者大多年龄偏大，缺乏消防安全知识，一旦发生火灾，不但不能及时扑救，有时连逃生自救也成问题。

（二）防火措施

1. 实施技术改造，改善建筑防火条件

针对宗教活动场所建筑耐火等级低的实际情况，应结合维修、改建、扩建，逐步改善建筑的耐火性能。对老化严重的电气线路应及时更换，在可燃、易燃材料表面直接敷设的电气线路要穿金属管保护。在高大建筑（如寺庙的大雄宝殿等）应安装避雷针，防止雷击导致火灾事故。

2. 配齐消防设施，强化安全保障

宗教活动场所应设置必要的消防设施，国家级文物保护单位的重点砖木结构古建筑应设室内消防给水和自动喷水灭火系统；地处偏远、水源缺乏的宗教活动场所应设消防水池和机动消防泵。宗教活动场所内应配置足够数量的移动式灭火器材，并加强维护保养。

3. 加强用火用电管控，及时消除火灾隐患

蜡烛、油灯、香火的设置地点应与可燃物保持一定的安全距离，并有防止倾倒的措施，长明灯火应安排人员巡查值守。厨房、取暖等生活用火，应有专人负责。供人员上香、点烛、烧纸的器具和场地要远离建筑，并设在避风处。尤其在干旱、多风季节，要加强对香炉的管理，做到人去火灭。加强对电气线路、设备的管理，严禁擅自乱拉、乱接电气线路，严禁超负荷用电，避免过热或短路而引发火灾。

4. 强化消防宣传教育，提高有关人员消防安全意识

应加强重点人员的宣传教育，对阿訇、主持、牧师等管理和活动组织人员进行消防安全培训，培养宗教活动消防安全管理的"带头人"，起到"培训一人、影响一片"的效果；利用庙会、佛事等重点时期，集中僧侣和香客讲授消防知识，播放火灾警示教育片，开展消防基本常识的宣传培训，普及消防常识，提高宗教教职人员消防安全管理和自防自救能力。对宗教旅游场所，应采取设置警示牌、发放消防安全手册、导游宣传等方式向游客宣传消防知

识，提醒游人注意消防安全。

5. 完善工作制度，建立消防安全管理长效机制

落实消防安全工作责任制，建立并落实消防安全自我管理、自我检查、自我整改机制，积极推进宗教活动场所消防管理工作规范化、制度化。落实各级人员的消防安全职责，成立由专（兼）职宗教工作干部、宗教教职人员组成的专职或志愿消防队，建立值班巡逻制度，尤其要加强对寺观教堂的夜间巡逻，做到火情早发现、早报警、早扑救，切实把火灾危害降到最低限度。

二、祭祀活动场所

清明扫墓、烧纸祭祀以及传统节日烧香祭拜等活动在我国由来已久，由此引起的火灾也屡见不鲜。特别是从 2008 年起，我国将清明节确定为法定节假日，群众祭祀与踏青游玩相结合，活动的规模和范围增大。据统计，2008 年 4 月 4 日至 6 日"小长假"期间，全国共发生火灾 1212 起，死亡 8 人，伤 2 人，直接财产损失 289.2 万元。

（一）火灾危险性及消防安全突出问题

1. 祭祀活动的高峰期历来是火灾防范的关键期

传统祭祀节日多集中在冬、春季节，从气候条件来说，正是冬防、春防的重要时期。尤其是清明节前后，气温回升，风干物燥，枯草残枝遍布林间、墓园。一旦纸钱等焚烧残留物或散落的火星引燃堆积的枯枝败草，极易引发大面积火灾。

2. 祭祀使用明火多，火源管控困难

当前，我国一直在倡导文明祭祀的方式，但是祭祀时燃放烟花爆竹、烧纸钱、纸扎等传统祭祀方式还普遍存在，不少群众将点燃的香烛放在墓前便不再理会；有的点燃纸钱、锡箔后，不等明火完全熄灭便离开，这些祭扫方式都可能引起火灾。且祭扫活动通常在郊外、山地进行，一旦起火，极有可能借着风势迅速蔓延，造成大面积烧山毁林的现象，甚至造成人员的伤亡。

【案例】2004 年 2 月 15 日，浙江省海宁市黄湾镇五丰村及周边农村部分老年村民聚集在自行搭建的草棚内从事迷信活动，因焚烧锡纸"元宝"被风吹起引燃草棚，导致草棚坍塌，共造成 40 人死亡、3 人受伤，直接财产损失 1356 元。

3. 扫墓、祭祀活动多远离城区，缺乏必要的灭火设施

陵园一般设在城郊，农村地区的墓园多分布于田间或林区，现场没有水源保障。一旦发现起火，也难以实施有效的扑救，极易造成火势蔓延。即使报警，也因距离过远，消防队难以及时到达，有时到达后又无法接近火场，贻误了最佳灭火时机。

（二）防火措施

1. 祭祀活动场所宜集中设置

室外祭祀活动应选择可燃物较少、靠近水源的地点，划定用火区域，并与粮、棉、油等物资仓库、加油站等易燃易爆场所保持一定的防火间距；室内祭祀活动应将香火放在瓷盆、铁桶等专用器具内，做到人离火灭。

2. 加强清明节等重点时期祭祀活动的消防监管

相关部门应提前组织，安排专门力量，加强对风景旅游区、自然保护区、森林公园等重点区域以及林区公墓等重点部位和场所的巡查，在祭祀集中地点设立固定和流动监控点，配备灭火器材。尤其对于林区要严格禁止带火进入，组织干部职工进行巡查，制止上坟烧纸、林内燃放烟花爆竹等行为。把吸烟人员、过往司机、返乡扫墓人员、林内作业人员、少年儿童等作为重点管理对象，防止因用火不慎、玩火、遗留火种等而引发山林火灾。

3. 加大祭祀场所和活动的消防宣传力度

在群众祭祀、扫墓活动较为集中的场所明显位置张贴标语、悬挂防火警示条幅，教育广大群众不要在风天和野外用火，防止因烧纸、焚香、点蜡、燃放鞭炮等引发火灾；要大力倡导文明祭祀，通过植树、献花、集体公祭等方式寄托哀思，改变传统的上坟烧纸习惯，从源头上减少和避免因祭祀用火不当而导致火灾的发生。

4. 加强祭祀现场监护和消防保卫

充分发挥农村多种形式消防队伍的作用，对集中燃放鞭炮和焚烧香、纸、烛的场所，确定责任人，对重点场所、部位进行重点监护；对扫墓集中、人员拥挤、明火分散等可能诱发的火灾事故和突发事件制定应急处置预案，并有针对性地开展灭火演练，做到有备无患。

三、庙会

庙会多为民俗形成的临时性集市（见图 4-3-3）。庙会期间，经营农副特产、日用杂货、手工工艺、民俗用品、地方小吃等摊位密集，民间演出、休闲娱乐项目丰富多彩，同时也给火灾防控带来了很大的困难。

（一）火灾危险性及消防安全突出问题

1. 可燃物多，摊位耐火等级低

庙会、集市商品交流大多设置简易摊位，沿街布置，有的可绵延数公里。摊位间紧密相连，无防火分隔。摊位本身以及展示、摆放商品的货架大部分采用可燃材料制作，销售的商品大多是服装、鞋帽、小手工艺制品等易燃可燃物品。此外，庙会上的商品由于其储存场所相对较远，为了便于销售，销售商往往在摊位上堆积大量商品，增加了火灾负荷。

图4-3-3 某古镇庙会

2. 火源较多，电气线路隐患突出

庙会流动人口多，常常设有许多饮食摊点，大量使用明火。流动餐饮摊点多采用炉灶等明火加热，直接将摊位推进会场内部进行叫卖。有的直接将液化气钢瓶带入会场，更增加了火灾危险性。活动场所的电器线路基本上都采用临时拉接的用电线路，极易因拉扯、踩踏、受潮、浸水而发生故障。

3. 人员拥挤，安全疏散困难

庙会期间人流密集，很多业主擅自扩大摊位面积占道经营，沿街通道多被流动的临时摊位占用。发生火灾，人员难以疏散，极易导致人员恐慌发生相互踩踏亡人事故。

4. 消防设施缺乏，消防应急力量不足

农村庙会、集市场所基本没有设置灭火器材，缺乏消防用水，与公安消防队或政府专职消防队距离较远。加上占道经营、人员拥堵等因素，救援力量难以接近着火部位，发生火灾后，往往要立足于自救。

（二）防火措施

1. 建立消防安全管理组织

庙会举办前，要成立由政府牵头，公安、宗教、工商等部门参与的大型群众性活动消防安全组织机构，按照定人员、定岗位、定任务、定责任、定措施的原则，制定应急处置和疏散预案并组织演练，全力做好消防安全保卫准备工作。

2. 合理安排布局

庙会场地应尽量选择在较开阔的地带，尽量将物资同类、火灾危险性接近、灭火方法相同的摊点集中布置，并将火灾危险性较大的危险化学物品摊点规划到集市的边缘地带。道路两侧设摊位时应不影响车辆正常通行且便于疏散。各摊位摆放的货物应以摊位为界，不应占用公共通道。

3. 加强规划改造

对形成规模或相对固定的传统庙会，政府应加强引导，合理规划。对延续下来的一些不具备消防安全条件的活动场所应积极加以改造，或进行重新规划选址；一时无力改造或搬迁的，也要采取有效的临时性防火安全措施，提高火灾抗御能力，尤其是那些"占道为市"和"拦街断路"的，要坚决予以清除或搬迁。

4. 建立健全消防安全管理制度

主要包括：消防安全值班制度、防火检查巡查制度、商户摊位防火责任制、用火用电管理制度、灭火器材管理制度等。

5. 加强用火用电管理

庙会举办期间应设置禁烟、禁火标志，严禁燃放烟花爆竹，严禁携带液化气钢瓶；供电线路应由供电部门根据摊位状况统一安装，分区设置控制开关和保护装置。严禁私拉乱接电气线路。不得使用电炉等大功率电热器具。

6. 加强现场安全管理

各摊位应按规定配备一定数量的灭火器或其他灭火设施，对会场的内部及外围应增设消防应急广播，一旦发生意外情况引导群众有序疏散，以防混乱局面的发生。会场的管理单位还应成立临时的志愿消防队，定时进行防火巡查，一旦发现火灾隐患，及时消除，并确保在发生火灾时，能迅速采取措施进行有组织的灭火行动。

第四节 生产、加工场所防火

消防安全与企业的生存和发展有着极为密切的关系。一旦发生火灾，不仅会使企业的财产遭受损失，危害正常生产，而且可能造成人员伤亡。本节选择在农村比较常见、火灾危险性较大的几类企业和小型生产、加工场所，简要介绍其火灾特点和消防安全管理措施。

一、化工企业

化工企业是我国国民经济的重要支柱产业之一，分布面广，数量多。化工生产具有易燃、易爆、易中毒、易腐蚀和高温、高压等特点，不安全因素多，危险性和危害性大，历来是消防安全防范的重点。

（一）火灾危险性及消防安全突出问题

1. 企业选址、安全布局不合理

一些乡镇、村办化工企业未经政府相关部门审核批准擅自建设，选址不合理，与村庄的防火间距不满足相关规范的要求，严重影响村庄安全。有的企业厂区功能分区不合理，隐患严重。

2. 生产设施、设备简陋

许多化工原料具有较强的腐蚀性，易对管道、设备造成损坏，一些企业生产设备运转时间远远超过使用年限，加之检修不及时，"跑、冒、滴、漏"问题突出。一些小型化工企业常常租用废弃厂房进行生产，厂房耐火等级低，生产条件简陋。防雷、防爆、防静电设施设备配置或维护保养不到位。

3. 易燃易爆危险品种类多、引火源多

化工企业生产、加工、储存的原料、产品种类繁多，大多具有易燃、易爆、氧化、腐蚀、有毒等特性，在储存、运输和使用过程中混装混存现象突出，稍有不慎，就可能造成火灾、爆炸事故。生产过程中火源、电源、热源交织使用，如果操作或管理不善，便可直接成为火灾、爆炸事故的引火源。

4. 生产工艺流程复杂

化工企业大多采用高温、高压或深冷、负压工艺，生产流程以氧化、还原、聚合、裂化、催化、硝化、电解等化学反应为主，设备种类多，操作控制点多，任何一个环节出现问题，都会导致火灾、爆炸事故。一些中小型化工企业生产工艺落后，特别是安全控制手段简陋，一旦发生意外无法及时处置。

5. 消防设施器材配置、维护保养不到位

一些单位消防投入严重不足，不按要求配备火灾自动报警、自动灭火及防雷、防静电、降温等设施，灭火器材严重不足且维护保养不到位，锈蚀、损坏、埋压、圈占等问题突出，一旦发生火灾，往往束手无策。

6. 消防安全管理薄弱

一些小型乡镇企业和私营企业消防管理薄弱，消防安全规章制度不健全，落实不到位。有些企业消防安全主体责任意识不强，消防安全责任制不健全、不完善，落实不到位，管理松懈。一些企业员工未经岗前和岗位消防安全培训，不熟悉岗位火灾危险性，不具备扑救初起火灾和引导人员疏散的基本技能，违反操作规程的现象时有发生。图4-4-1为某化工厂爆炸事故现场。

（二）防火措施

1. 严格按照规范设计和施工

化工企业建（构）筑物必须严格依照消防技术规范进行设计和施工。消防设计必须经公安机关消防机构审核合格后方可施工。竣工后必须经公安机关消防机构验收合格，方可投入使用。企业的选址要符合城乡消防规划。总平面布局要根据生产流程及各组成部分的生产特点和火灾危险性，结合地形、风向等条件，充分考虑防火分隔、通风、防泄漏、防爆泄压、消防设施等因素，按功能分区集中布置。对设备的防爆要求和电气线路的防爆处理要严格把关，坚决防止先天性火灾隐患。不符合城乡消防规划的，要尽快予以改产或搬迁。

图 4-4-1　某化工厂爆炸事故现场

2. 加强企业消防安全管理

企业法人要高度重视消防安全工作，结合自身消防工作特点，建立健全消防安全管理制度，定期组织开展消防安全检查巡查，及时发现和消除火灾隐患。要确定各级和各岗位的消防安全责任人，逐级落实消防安全责任制和岗位责任制。要加大生产设备、生产条件、生产工艺流程等的技术改造，引进先进的生产工艺和设备，提高自动化和智能化生产水平，设置完备的生产控制和事故处理系统，提高控制和管理水平，减少事故发生概率。

3. 配齐消防设施器材并加强维修保养

要根据企业化工产品本身及生产工艺流程的火灾危险性，投入足够资金，配齐消防设施器材并加强维护保养。设有自动消防设施的单位，要与具有资质的企业签订维修保养合同，定期对消防设施进行检修，确保完整好用。防雷、防静电设施要定期经专业部门检测并出具检测报告。厂区内要保证充足的消防水源，并设置室内外消防给水设施。消防车通道要保持畅通。大型的化工企业要按照有关规定建立专职消防队。

4. 加强员工消防安全培训

要对员工开展经常性消防安全教育培训，使之熟练掌握本行业安全操作规程，重点岗位人员要做到持证上岗，严防违章操作和违反消防安全管理的行为。要定期组织有针对性的灭火和应急疏散预案演练，使员工熟悉本行业火灾扑救和逃生的基本方法。各个车间、班组要成立志愿消防队并定期演练，确保一旦发生火灾，能快速有效地扑灭。

二、木材加工企业

木材加工投资少、见效快，设备工艺简单，因此在乡镇、农村地区发展很快。但由于一般木材加工厂房耐火等级低，加工的原料和成品都是可燃物质，生产过程中使用油漆等易燃易爆物品多，火灾危险性较大。

（一）火灾危险性及消防安全突出问题

1. 可燃物多

木材加工过程中的原料、半成品和成品，以及产生的大量树皮、锯屑、刨花、粉尘等都是可燃物，锯末和木粉的火灾危险性更大，能被电气焊熔渣和阴燃的烟头引燃，引起燃烧甚至爆炸。锯末在长时间受热的情况下能自燃，含水量较高的新锯末如果长时间堆放，由于微生物的作用也能自燃。胶合板使用脲醛树脂做黏合剂时，因其中掺有面粉，耐火性能差，易于燃烧。

2. 木材烘干及热压工序温度不易控制

在木材干燥工序，大多采用蒸汽或用烟道气干燥方法。在烟气干燥工序中，进口温度可达$600 \sim 900℃$，出口温度也达到$200℃$左右，极易导致木材过热而发生燃烧。一些中小型木器厂通过火窖或炉膛，利用锯末阴燃发出的热干燥木材，在空气流通良好情况下，木屑和锯末会由阴燃转为有焰燃烧，从而引燃被干燥的木材。在热压工序，如温度控制不当，也会导致木材燃烧。

3. 易燃易爆危险化学物品用量大

在涂胶、喷胶、胶合和胶料配制工序，胶合板涂胶、纤维板喷胶和木材部件胶合用的胶，都是易燃易爆危险化学物品，如遇电气火花或明火极易引起火灾。配制胶料时，需用明火熬制皮胶和骨胶，一旦控制不当，也有可能引起火灾。在涂漆与喷漆工序，需使用油漆、硝基漆和各种溶剂、干性油等易燃可燃液体。喷刷硝基漆产生溶剂蒸气，易与空气混合形成爆炸性混合物。喷漆时会产生和积聚静电，导致火灾、爆炸事故。

4. 消防安全管理不到位

部分木材加工厂布局随意性较大，厂内的生产区、木材堆场、库房、生活区等混为一体。电气设备的安装不符合安全操作规程，电气线路乱拉乱接，存在超负荷用电现象。部分木材加工厂无消防安全管理制度，无安全操作规程，违章操作现象普遍。大部分企业主及员工没有经过消防安全培训，消防安全知识匮乏，自防自救能力差。许多木材加工企业设在郊区，没有公共消防给水管网。消防设施器材配备不足，一旦发生火灾，得不到及时处置。

（二）防火措施

1. 加强建筑消防管理

　　木材加工属丙类危险性生产，其厂房建筑的耐火等级不应低于三级。干燥室（烤板窖）和涂漆间应为一、二级耐火等级，宜独立布置。如因条件限制必须设置在一起时，应采用防火墙分隔。生产区、木材堆场、行政管理区、生活区可用围墙、绿地或道路分隔。生产车间、木材堆场、锅炉房等要按照规范要求，保持足够的防火间距。厂区内要设置符合要求的环形消防车道，厂房的安全疏散出口一般不应少于2个，疏散走道和门的宽度要达到规范要求。

　　2. 加强可燃物管理

　　原料、成品、半成品的堆放应当与厂房等建筑保持足够的安全距离。严禁堵塞、占用消防车通道、疏散通道，严禁遮挡消防设施。生产车间内的原料要控制在一天的用量以内，加工好的要及时运走，不得乱堆乱放。堆放半成品不应占用车间内外的通道。木屑、锯末、边脚料、刨花、木粉等要及时清除。

　　3. 加强用火管理

　　车间内不应采用火炉采暖，应当采用热水集中供暖方式。木料与机械设备、取暖设备要保持不小于1米的距离，并应经常清除管道、设备上的木屑、粉尘。要严格控制明火作业，当必须使用电焊、气焊、气割或其他用火作业时，应事先办理动火审批手续，并采取严格的防护措施。大风天要禁止一切室外明火作业。要严禁吸烟、用火，禁止燃放烟花爆竹等。

　　4. 加强电源管理

　　电气设备的安装要符合规范要求，电动机要采用封闭型，导线要穿管保护，开关和配电箱等电气设备都要设防护装置。高压线要尽量远离厂区或沿厂区边缘布置，架空电线底下严禁堆放可燃物品。库房及穿过木料堆的导线要采用钢管布线。露天木材堆场的电气线路要尽可能采用地埋电缆。各种电气设备的金属外壳都要有可靠的接地装置。要设置可靠的防雷设施。

　　5. 配备除尘设施

　　各种木材加工机械要安装除尘器，采用机械排风将锯末、木屑、刨花等通过管道排送到车间外面的除尘室。室内必须安装排风装置，排风机应选用有色金属叶轮，并经常检查，防止摩擦、撞击。

三、棉花加工企业

　　棉花加工是通过机械的作用，使籽棉的纤维和棉籽分离，制成皮棉（见图4-4-2）。棉花的加工过程主要分为清棉、轧棉、剥绒三个工段，均具有较大的火灾危险性。

图4-4-2　某乡镇棉花加工厂车间

（一）火灾危险性及消防安全突出问题

1. 建筑的耐火等级低

由于棉花加工企业的工艺特殊性，加工生产厂房的耐火等级都比较低。一些地方的棉花加工企业生产厂房采用了钢结构，一旦发生火灾，厂房的耐火等级低，极易造成厂房坍塌，给灭火施救、物资疏散带来困难。

2. 可燃物多

棉花加工企业使用的原料为籽棉，成品为皮棉，在生产过程中还会产生车肚绒、尘埃绒和其他下脚棉绒等等，这些都是可燃物。棉绒的火灾危险性大。棉籽短绒结构疏松多孔，遇摩擦、撞击、静电放出的火花就能被点燃。棉籽短绒中含有蜡质脂肪和果胶，它们容易滋长微生物，微生物在繁殖时会产生热量，积热不散就会引起自燃。棉花在轧制过程中，会产生大量粉尘。这些粉尘如在车间内悬浮达到爆炸浓度，遇明火即会发生爆炸。

3. 点火源多

棉花中混有铁质、石子等杂物，进入生产设备后同旋转部位撞击、摩擦，易打出火花，引燃棉花、棉绒而成灾。如果籽棉的水分过大，易缠绕锯齿，机器不能正常运转，导致摩擦生热引发火灾。轧棉机和剥绒机的锯齿、肋条之间的间隙不适当，易阻塞棉花或齿、肋互相摩擦产生火花。电气设备的安装、使用不符合要求，极易导致短路、超负载、接触不良等故障，引起火灾及爆炸事故。

4. 火灾蔓延迅速

由于棉花加工企业的生产工序大都集中在一座厂房内，防火分隔不到位，加之由于棉花易燃的特性，一旦发生火灾，火势蔓延迅速，容易在短时间内形成大面积、立体火灾，造成火灾扑救困难。同时由于厂房火灾荷载大，火场温度高，建筑物发生倒塌的危险大，不利于灭火救援。棉花还具有阴燃的特性，必须将棉花包打开，用水慢慢浸透，需要大量的消防用水，进一步加大了火灾扑救难度。

【案例】2005年5月3日，江苏省建湖县金龙马特种纺织有限公司七号车间，由于电机打火引燃棉绒造成火灾。据了解，该车间吊顶内的棉绒自投产之后就没有清理过，积聚的棉绒厚达30～50厘米，致使火势迅速蔓延，近4000平方米的厂房瞬间全部着火，造成了重大的财产损失。

5. 人员管理难度大

由于棉花加工属于季节性生产，棉花加工企业固定工少，临时用工多。临时工大多不具备相应岗位的消防安全知识，违章操作较多，处置火灾的能力不高。对临时工管理、教育不到位，工人违章操作是许多棉花加工企业发生火灾的主要原因。

（二）防火措施

1. 提高建筑耐火等级，降低火灾荷载

棉花加工企业厂房的耐火等级不得低于三级。采用钢屋架和钢柱的钢结构厂房，必须喷涂防火涂料或敷贴防火隔热材料。要尽可能地降低厂房内的火灾荷载，加工车间内存棉不要过多，要做到随加工、随运送、随打包。下班停车时，要彻底清除车间内剩余的籽棉、皮棉、棉籽和短绒。

2. 改善建筑的平面布局，阻断火势蔓延途径

棉花加工厂房的清花车间与其他工艺必须采用防火墙进行分隔。安装内燃机的房间，要与加工间、仓库用防火墙隔开。厂房不要增设吊顶，以防棉绒沉积，助长火势蔓延。

3. 严格操作规程，杜绝违章操作

棉花进入机台前，要彻底清除铁片、铁丝、铁钉、石子、木块等杂物。要检验棉花的水分含量，如含量超标，要先经烘棉处理或自然摊晒、干燥后方可加工。要调整好锯齿和肋条的间隙，防止锯片与肋条摩擦起火。喂棉时，要做到喂得勤、喂得匀，注意杂质和发现火种，一旦发现异常要及时处理。生产车间内应有良好的吹尘装置，并定期清扫墙壁、楼板、屋架、机器设备以及电气设备上的棉絮、粉尘。

4. 加强火源电源管理

应选用相应的防护型电气设备，安装和使用要符合防火要求。敞开式的电机和开关要设外罩防护。车间布线要套管保护，不得使用明线。要定期维修电气设备。籽棉和短绒不要堆放在电源、电动机附近。车间内不得进行明

火作业，如必须进行时，要办理动火审批手续，并彻底清理现场才能作业。作业后，要仔细检查现场，防止遗留火灾隐患。严禁棉绒与油类、酸类、氧化剂等接触。污棉，特别是沾有植物油的棉绒要及时清理，防止自燃。

5. 加强消防设施维修保养，提高发现和扑灭初起火灾的能力

扑救棉花加工企业火灾，消防用水量比较大，因此必须按照有关技术标准要求设置室内外消防给水系统。要配置足够数量的灭火器，并合理布置。设有自动消防设施的，要加强维护管理，保证系统完好有效。

6. 加强消防安全管理，提高人员消防安全意识

要加强对员工的消防安全培训，定期组织开展灭火和应急疏散预案演练，保证每个员工都具备"检查消除火灾隐患、组织扑救初起火灾、组织人员疏散逃生、开展消防宣传教育培训"的能力。新建、改建、扩建和变更用途时，要向公安机关消防机构办理消防审核、验收手续。

四、劳动密集型企业

劳动密集型企业，通常是指生产需要大量的劳动力、产品成本中劳动量消耗比重较大的企业，如纺织业、服务业、食品制造加工业、日用百货等轻工企业等（见图4-4-3）。此类企业由于对生产设备要求不高、投资小、生产方式灵活、投产时间短、出产品快，极受投资者青睐，特别是在农村地区，分布面很广。加强劳动密集型企业的火灾防范工作是做好农村消防安全工作的重要内容之一。

图4-4-3 某服装加工厂车间

（一）火灾危险性及消防安全突出问题

1. 易燃可燃物品多

劳动密集型企业的厂房、库房内，往往堆放大量易燃可燃原料和产品，火灾荷载大，发生火灾时蔓延速度快，易形成立体性燃烧，并散发出一氧化碳、氰化氢、二氧化硫、二氧化氮等有毒烟雾和气体，极易导致人员窒息死亡。

2. 群死群伤火灾风险大

劳动密集型企业在各个工序上要使用大量的工人。一些企业为了最大限度地利用空间，在车间内堆放机器、原料和产品，堵塞、占用疏散通道，严重影响安全疏散。企业员工流动性大，大多未经消防安全培训，不具备消防安全"四个能力"。同时，这类企业"三合一"问题突出，并大多采用"封闭式"管理，一旦发生火灾，极易造成群死群伤。表4-4-1所列为劳动密集型企业群死群伤火灾典型案例。

表4-4-1　劳动密集型企业群死群伤火灾典型案例

火灾发生时间	发生火灾单位	死（人）	伤（人）
1991 年 5 月 30 日	广东东莞兴业制衣厂	72	47
1993 年 11 月 19 日	广东深圳致丽玩具厂	87	42
1993 年 12 月 13 日	福建福州高福纺织有限公司	61	14
1996 年 1 月 1 日	广东深圳圣诞饰品有限公司	10	109
1997 年 9 月 21 日	福建晋江裕华鞋厂	32	4
2000 年 3 月 28 日	广东揭阳市佳成打火机厂	17	6

3. 电气线路敷设不规范

此类企业一般按订单生产，时间紧、任务重，为完成订单任务，电动机械设备长时间超负荷运转，业主或员工往往以铜丝代替保险丝，乱接乱拉电气线路，增大了引发火灾的风险。

4. 建筑消防设施不足

一些劳动密集型企业租赁达不到消防安全要求的厂房进行生产，未按规定设置必要的消防设施，灭火器配置上也存在数量不足、维修保养不到位等问题，发生火灾后不能进行有效的扑救，致使小火酿成大灾。

5. 消防安全管理不规范

一些劳动密集型企业的管理人员重生产、轻安全，只追求生产效益的最大化，普遍忽视消防安全，消防安全主体责任意识差，不能自觉履行消防安全职责，企业消防安全管理薄弱，消防安全规章制度不健全、不落实，这也是导致火灾事故多发的重要原因。

（二）防火措施

1. 落实消防安全责任制

劳动密集型企业要根据生产的特点，建立健全消防组织机构，确定厂部、车间、仓库、班组的消防安全责任人，明确消防职责，落实消防安全责任制。建立健全消防安全规章制度和各项消防安全操作规程，确定消防安全重点部位，实施重点管理。

2. 认真开展防火检查、巡查

企业应当至少每月进行一次防火检查，重点检查室内外消火栓系统的运行是否正常，灭火器材配置是否完好有效，用火、用电有无违章情况，消防安全疏散通道是否保持畅通，防火间距是否被占用，各部位、岗位值班人员是否在岗在位，消防安全操作规程是否认真落实等。发现火灾隐患要立即整改，不能立即整改的，要及时逐级报告，落实责任人员限期整改。

3. 确保安全疏散通道畅通

疏散通道、疏散门的数量及形式必须符合国家规范要求。生产期间严禁锁闭安全出口，严禁占用、堵塞疏散通道，严禁在窗户、阳台上安装可能影响疏散和灭火救援的铁栅栏；安全门严禁使用卷帘门、转门、推拉门等。

4. 加强对员工的消防教育培训

企业应当组织新上岗和进入新岗位的员工进行消防安全培训，并定期开展消防宣传教育，切实提高员工消防安全意识，掌握基本的消防安全常识和技能。要制定灭火和应急疏散预案，至少每半年组织一次演练，确保每一名员工具备检查消除火灾隐患能力、组织扑救初起火灾能力、组织人员疏散逃生能力和消防宣传教育培训能力。

五、个体作坊

个体作坊一般为设置在民用住宅内的，具有经营、加工、生产、储存和生活性质的场所。个体作坊一般生产规模较小，生产条件简陋，消防安全条件差，管理不规范，从业人员自防自救能力弱。近年来，全国各地的个体作坊火灾频发，是农村火灾防控工作的重点和难点。

（一）火灾危险性及消防安全突出问题

1. 易燃可燃材料多

个体作坊大多从事衣物、食品、木器等的生产和加工，生产、加工的材料和产品大多为易燃可燃物品。油漆、黏合剂等易燃易爆物品也在一些个体家庭作坊内广泛使用，火灾荷载大。加之个体作坊内管理比较混乱，原料、成品、半成品往往随意堆放，一旦发生火灾，火势蔓延迅速。

2. 安全疏散条件差

个体作坊多由村民住宅改建而成，普遍只有一部疏散楼梯和一个安全出口。有的个体作坊设置在多层住宅内，只有一部敞开楼梯。业主往往将车间和仓库设置在较低楼层，员工宿舍设置在较高楼层或顶层，且在门窗上安装防盗栅栏。一旦发生火灾，火势和有毒烟气沿楼梯间迅速蔓延，给员工生命安全造成致命威胁。

【案例】2007 年 10 月 21 日，福建省莆田市北埔村飞达鞋面加工作坊一楼仓库发生火灾（见图 4-4-4），由于仓库和车间设在一至三层，员工宿舍和食堂设在四至六层，唯一的敞开楼梯被烟火封堵，且四楼以上窗户安装了铁栅栏，员工逃生无门，造成 37 人死亡、19 人受伤。

图 4-4-4　福建省莆田市北埔村飞达鞋面加工作坊火灾现场

3. 消防设施器材缺

由于监管不到位等原因，许多个体作坊没有配备灭火器等基本的消防器材。已经配备灭火器的，也大多由于维护保养不到位，或过期失效，或锈蚀严重，不能正常使用。简易喷水灭火系统和独立式火灾报警装置也没有得到广泛的推广应用。

4. 消防安全管理弱

多数个体作坊没有制定消防安全管理制度或安全生产操作规程，业主、员工的消防安全知识匮乏，基本不具备扑救初起火灾和火场逃生的技能。生产、经营管理比较混乱，设备陈旧、工艺落后，原料、产品乱堆乱放、超负荷用电、乱拉乱接线路、违章使用电热器具和电气线路老化等情况较为普遍。

【案例】2006 年 8 月 10 日，云南省昆明市官渡区小板桥镇一沙发座垫加工作坊发生火灾（见图4-4-5），造成10死2伤。起火原因为工人违章使用自制电加热丝切割聚氨脂海绵引发火灾，产生大量有毒气体，造成了重大人员伤亡。

（二）防火措施

1. 建筑内部进行必要的防火分隔

与相邻建筑要用实体墙做必要的防火分隔，并按照独立的防火分区设置。单层建筑内个体作坊的生产、储存区域与生活区域，要采用实体砖墙和防火门将楼梯间与其他部位进行完全分隔，并各自设置独立的直通室外的消防通道。多层建筑内个体作坊的生活区域应设置在生产、储存区域的楼层以下，采用实体砖墙和混凝土楼板进行完全分隔，并设置独立的疏散楼梯。

图4-4-5 昆明市小板桥镇一沙发座垫加工作坊发生火灾

2. 增设必要的消防设施

要配备消防逃生梯、辅助爬梯等辅助疏散逃生设施。疏散通道和安全出口要保持畅通，严禁锁闭、堵塞和占用。门窗上设有防盗窗、铁栅栏等设施的，要在上面开设紧急逃生出口。要配备一定数量的灭火器，有条件的可以安装简易喷水灭火系统等设施。在楼梯间和生活区域要设置独立式火灾感烟火灾探测报警器、电铃等警报装置，一旦发生火灾，能够发出警报，提醒人员及时疏散逃生。

3. 加强自身消防安全管理

个体作坊内不得乱拉乱接电气线路，不得使用电炉子、电暖器等大功率电器，不得使用明火作业。个体作坊严禁从事易燃易爆化学危险物品的生产、经营和储存。生产过程中必须使用易燃易爆化学危险物品的，不得超过当日使用量，并妥善保管，与火源、热源保持足够的安全距离。要制定灭火和应急疏散预案，业主和员工要经常进行消防演练，并积极参加当地公安派出所、村民委员会等组织的消防安全培训，做到"一懂三会"，即懂本场所火灾危险性、会报警、会灭火、会逃生。

六、"三合一"场所

"三合一"场所，通常集住宿与生产、储存、经营等使用功能于同一连通空间，多见于劳动密集型企业、私营企业和服务等行业。这些场所一旦发生火灾，极易造成人员伤亡甚至是群死群伤火灾事故。

（一）火灾危险性及消防安全突出问题

1. 建筑耐火等级低

"三合一"场所大多由住宅、出租屋改变用途改造而成，还有是村民采取房上建房、屋外搭屋等办法，违章搭建而成；还有使用夹芯彩钢板等材料搭建的简易厂房，建筑耐火等级多为三、四级，火灾危险性较大。

2. 防火间距不足

一些位于城乡结合部的"三合一"场所，连片生产、经营、住宿，建筑相互毗邻，密度较大，防火间距严重不足，一旦失火，极易造成"火烧连营"。

3. 火灾荷载大

"三合一"场所的生产经营类型大多为棉纺织加工业，制鞋业，稀料、打火机加工业，食品业等，存放大量的易燃可燃的原材料、半成品，火灾荷载非常大，一旦发生火灾，火势蔓延迅速。并且这些易燃可燃材料燃烧过程中释放大量的有毒烟气，这也是造成这些场所亡人火灾多发的重要原因。

4. 疏散逃生条件差

由于这些场所大多是在居民住宅的基础上逐步改建、扩建，擅自改变使用功能而形成的，普遍只设一部敞开楼梯、一个安全出口，各楼层空间通过楼梯连通，住宿区域没有单独的疏散楼梯。有的业主为了便于管理，大量安装防盗门窗，严重影响疏散和救援。生产经营期间锁闭安全出口、堵塞占用通道现象也十分突出。

5. 消防设施器材配备不足

业主大多重经营、轻安全，消防投入少，多数"三合一"场所没有固定灭火设施，没有安全疏散指示标志和火灾事故应急照明，没有基本的逃生自救器材，许多场所甚至未配备一具灭火器。

6. 消防安全管理混乱

多数业主的消防安全责任意识不强，管理人员缺乏管理知识和经验，日常防火检查、消防安全培训、灭火和逃生自救演练等基本的消防安全制度不落实，业主和从业人员缺乏应有的消防安全常识，逃生自救能力弱。用火用电不规范，超负荷运行、乱拉乱接电气线路现象突出。有的一幢建筑多家分割使用，产权分散，各自为政，导致消防安全管理责任不明确、不落实。

【案例】2006 年 9 月 14 日，浙江省湖州市吴兴区织里镇织里中路 50 号"福音大厦"发生火灾（见图 4-4-6），事故造成 15 人死亡、2 人受伤。同年 10 月 21 日，该镇秦家港安康西路 137 号一个体服装厂再次发生火灾，造成 8 人死亡、5 人受伤。据调查，两家发生火灾的单位均为生产童装的"三合一"场所。

图 4-4-6　浙江省湖州市织里镇"三合一"场所火灾现场

（二）防火措施

1. 坚持严格执法，坚决取缔不符合要求的"三合一"场所

根据《住宿与生产、储存、经营合用场所消防安全技术要求》（GA703）的规定，严格禁止在有甲、乙类火灾危险性的生产、储存、经营的建筑，耐火等级为三、四级的建筑，厂房、仓库，地下建筑，建筑面积大于 2500 平方米的商场、市场等公共建筑内设置"三合一"场所，一经发现，要按照《消防法》的规定责令停产停业并处罚款处罚。

2. 加强技术改造，消除火灾隐患

鉴于"三合一"场所的火灾危险性，必须采取调整功能布局、落实防火分隔措施、增设安全出口和疏散通道、配备必要的消防设施等火灾防控手段，从根本上消除火灾隐患。在此基础上，各级人民政府要逐步引导此类企业向规模化生产转变。

（1）住宿与非住宿部分要采用防火墙和钢筋混凝土楼板完全分隔，不能完全分隔的，要严格控制住宿人数，一般不得超过20人。

（2）住宿与非住宿部分要分别设置独立的疏散设施；独立设置有困难的，要设置室外金属梯、逃生阳台、逃生外窗等独立的辅助疏散设施。

（3）住宿与非住宿部分无法进行防火分隔时，要设置火灾自动报警系统和自动喷水灭火系统；住宿人员较少或场所较小时，可设置独立式感烟火灾探测报警器或自动喷水局部应用系统。

（4）疏散门要采用向疏散方向开启的平开门，并应确保人员在火灾时易于从内部打开。疏散楼梯宜通至屋顶平台。外窗或阳台不应设置金属栅栏，当必须设置时，要能从内部易于开启。

（5）人员住宿要尽量设置在首层并直通室外，安全出口和辅助疏散出口的宽度要满足人员安全疏散的需要。

3. 强化内部管理，防范火灾发生

"三合一"场所要制定用火、用电、用油、用气等消防安全管理制度，明确管理人员，落实管理责任。除厨房外，"三合一"场所不应使用、存放液化石油气罐和甲、乙、丙类可燃液体。存放液化石油气罐的厨房应采取防火分隔措施，并设置自然排风窗。电气线路敷设应避开可燃材料或采取穿金属管、阻燃塑料管等保护措施，不得乱拉乱接临时电气线路；严禁超负荷使用电器设备，不得用铜丝、铁丝等代替保险丝，电热器具使用后应及时切断电源。室外广告牌、遮阳棚等要采用不燃或难燃材料制作，并且不能影响人员疏散和救援。

第五节　农作物生产、储存场所防火

农作物绝大部分是可燃物质，其生产和储存都具有一定的火灾危险性，不同农作物、不同场所的消防安全管理要求也不尽相同。针对农作物生产、储存场所的火灾特点做好相应防范工作，对于保障农民生产生活安全具有十分重要的意义。

一、农作物堆场、打谷（麦）场

当前，在我国尤其是中西部农村，传统的打场、脱粒、晾晒等方式还广泛存在，作业周期长，农作物堆积集中，稍有不慎，就可能引发大面积的火灾。

（一）火灾危险性及消防安全突出问题

1. 农作物可燃且具有自燃的危险性

堆场内的物质本身可燃，含水分较大或受潮的农作物堆场在堆放时间长、散热条件差的情况下，有自燃的危险性。

2. 生产加工场所火源较多

晾晒、打谷、打麦时，机械、电气设备作业时间长，进出的人员、车辆多，引发火灾的危险因素较多。在场上打场的拖拉机、脱粒机等内燃机械，工作时排气管冒出火星容易引发火灾；场上的电气线路安装使用不当，容易因电线绝缘老化、破损，电线接头松动等产生电火花引起火灾；机械的传动机件、轴承等被稻草、麦草缠绕，容易因摩擦过热引起火灾。

3. 野外动火的管理难度较大

田间地头焚烧秸秆、烧荒、扫墓等野外用火较多，常会因为刮风失去控制，导致火灾发生。露天堆场面积大，堆垛后侧隐蔽性强，因吸烟、小孩玩火、放火等引发的火灾也不在少数。

【案例】2007 年 5 月 22 日，某农场村民点火烧秸秆，火势顺风蔓延，烧毁另一村约 2 平方公里麦田，烧毁麦子 10 吨，半年的劳动成果付之一炬。

4. 火灾容易蔓延扩大

农业收获季节，稻谷、麦子等农作物堆集在场内，为了便于脱粒，一般都是临时松堆，有的要摊开晾晒，有的要平摊在场地上碾压脱粒。松散的可燃物遍地皆是，一旦起火，势必火烧连片，难以控制。

5. 火灾扑救难度较大

堆场、打谷（麦）场发生火灾后，由于受风力的影响，容易产生"飞火"，导致数个堆垛同时燃烧，火场温度高、辐射强、燃烧面积大，燃烧产生的浓烟多，火灾扑救难度大。这些场所又大多远离城市公安消防队，消防水源和灭火器材比较缺乏，往往难以组织有效的扑救。

（二）防火措施

1. 合理规划布局

农作物堆场或打谷（麦）场的位置应选择在相对独立的安全区域或村庄边缘，当地主要收获季节最小频率风向的上风侧，并靠近河流、池塘、机井等有水源的地方，不应设置在架空电气线路下方。打谷（麦）场的规模应予以控制，占地面积不宜超过 2000 平方米。打谷场或粮场之间、打谷场或粮场与周围建筑应保持一定的防火间距。粮场与粮场之间的防火间距不应小于 25 米，粮场与学校、住宅、牲畜圈（棚）等建筑的防火间距不应小于 25 米，距铁路中心线不应小于 30 米，距公路不应小于 15 米，距加油站、甲类或乙类生产厂房不应小于 25 米，距电力变压器不应小于 30 米，距架空电力线路的水平距离不应小于 1.5 倍杆高。

2. 正确摆放农作物堆垛

打谷（麦）场内已收割的庄稼，宜顺着风向堆在场地两侧。堆垛不宜过大、过高、过密，要留出一定间距。已经脱粒的秸秆应及时搬到场外，另设安全的地方堆放；如一时搬运不出去，应与未打过场的庄稼堆垛保持一定的间距，且不宜堆放在场内堆垛的上风方向。

3. 加强火源安全管理

打谷（麦）场或粮场范围内应设置明显的禁火标志，场内作业人员严禁携带火种，严禁吸烟、动用明火。农业收获季节，严禁在打谷（麦）场周围50米内焚烧杂草和秸秆。

4. 加强农机设备管理

使用拖拉机、汽车等以内燃机为动力的机械打场、脱粒时，机械排气管的管口应装防火罩（见图4-5-1），防止火星喷出，机械各部位要润滑良好，防止摩擦生热起火；拖拉机、汽车发生故障时，应拖出25米外方可进行修理，严禁在堆场内修理或加油；冬季不要在场内用明火烘烤农用机械或拖拉机，发动农用机械或拖拉机应在场外下风方向安全地带进行，事后要清扫现场，防止留下火种。使用电动机械打场、脱粒时，最好采用防滴型或封闭型的电动机，电线绝缘应良好，电动机外壳应接地，电动机机壳上的尘土应经常清除，保持机壳散热良好；脱粒机械各部件应保持润滑，及时清除轴承上缠绕的稻草、秸秆，防止摩擦生热引燃周围的可燃物。

图4-5-1　汽车排气管安全防火罩

5. 加强电气线路和设备管理

打谷场用电设备和电气线路应由电工安装，电力、照明线路宜用橡胶电缆，埋地穿管敷设，不宜在地上拖拉电线；电气设备及电源开关应距离堆垛25米以上；打谷场或打麦场内的照明灯具应有防雨措施，灯具挂放应牢固，场内不宜使用高温碘钨灯，严禁在灯具下方堆放可燃物；电气开关、熔断器等应符合有关安全规定，严禁采用铜、铝、铁丝代替熔丝（片）；对电气设备应经常检查，发现漏电、接头包扎不良、接头松动、电线互相缠绕等情况应立即停电检修。严禁带电移动电气设备或接线、检修。

6. 健全消防组织和消防工作制度

水稻、小麦集中产区，需集中设置较大堆场的地方，堆场区应成立义务消防组织，建立值班看守、巡逻护场制度，并制定堆场安全管理规定，做好对村民的安全宣传教育工作。

7. 配备相应的消防器材

堆场内应按照有关规定配置灭火器材，设置消防水源。通常应配置手抬机动消防泵、水缸、水桶等器具。

二、农作物生产塑料大棚

近几年，我国大力发展设施农业，塑料大棚在农业生产中得到较为广泛的应用。但消防安全管理相对滞后，塑料大棚火灾呈现多发势头，给农民群众造成较大损失，其防火工作应当引起高度重视。

（一）火灾危险性及消防安全突出问题

1. 易燃可燃材料多

塑料大棚大多采用木、竹做框架，外用塑料薄膜蒙盖，有的还在塑料薄膜外加盖草帘、棉被等进行保温，这些构件都是易燃可燃物质，遇明火很容易燃烧（见图4-5-2）。

图 4-5-2　某塑料大棚火灾现场

2. 火灾蔓延速度快

塑料大棚大量采用易燃可燃材料，热值大，燃烧迅速。有些地方将塑料大棚毗连建造，成排成组布置于野外，受风热的影响，一个大棚起火，就会迅速蔓延到相邻大棚。

3. 用火用电管理不规范

有些农民群众在给塑料大棚加温时，直接使用明火加温，有的甚至吃住在大棚内，使用明火取暖、做饭，乱拉乱接电气线路，随意吸烟，稍有不慎就容易引发火灾。

【案例】2003 年 2 月 8 日，某地村民陈某在大棚内用焦炭炉给大棚加温，因焦炭炉散热管距离大棚太近引燃大棚，当晚住在棚内的陈某及其儿子被烧死，大棚被全部烧毁。

4. 火灾扑救困难

塑料大棚多在农村田间，距离公安消防队较远，加之有些地方道路不畅，消防车难以及时到达火场。现场水源缺乏往往也会制约灭火战斗行动的开展。

（二）防火措施

1. 正确选址

塑料大棚宜设置在天然水源充足、道路相对通畅的地方，不宜设置在村庄内，如确需设置在村庄内，应保证大棚与明火或散发火花的地点（如烟囱）保持足够的安全距离。塑料大棚不应建在高压电线下方，防止电线杆倒断或电线坠落引燃大棚。

2. 合理布置

塑料大棚的布置应符合防火安全要求，单个大棚的长度、面积不应太大；成组布置的大棚与大棚之间应留出足够的防火间距，防火间距内不应堆放易燃可燃物质和种植油性植物。

3. 加强管理

大棚内一般不要使用电气照明，确需使用时，不得使用卤钨灯和超过 60 瓦的白炽灯等高温照明灯具。需要加温时，应当在大棚外设置加温设施，并与大棚保持一定的安全距离。利用塑料大棚进行规模种植的，宜将大棚布置在相对封闭的区域内，有条件的应建造围墙，设立门卫，防止无关人员进入棚区，严禁进入棚区内的人员吸烟；夜间应组织人员巡查，防止人为放火破坏。人员不应在大棚内居住，防止发生火灾造成人员伤亡。

三、粮食仓库

"民以食为天"。粮食是关系国计民生的重要商品和战略物资，是人民群众最基本的生活资料。粮食的储存是粮食生产过程的延续，做好粮食仓库的防火工作、确保粮食储存安全十分重要。

（一）火灾危险性及消防安全突出问题

粮食本身可燃，具有发热与自燃的特性。粮食发热主要是粮堆内粮食籽粒自身和微生物进行呼吸而产生热量聚集的结果。粮食发生火灾后，着火的粮堆易散落开来，导致火势扩大、蔓延。同时，粮堆表面着火以后，能迅速向里面燃烧，加速火势的蔓延。粮食仓库的火灾危险性及消防安全突出问题主要表现在：

1. 储存条件差

（1）早年兴建的粮仓多属三级耐火等级，屋顶为可燃结构。近年来，较普遍地采用了化学、低温密闭等储粮新技术，仓间附加了不少可燃材料，加上堆垛高、间距小、电线老化，存在着一定的火灾危险性。

（2）乡村的粮仓多数采用土圆仓，用砖、竹笆、藤条或稻草等涂上石灰、泥土、水泥等建造仓体，仓顶大多采用芦席、麦秸或稻草等可燃材料苫盖，其火灾危险性要比其他库房大得多。

（3）露天的席穴囤和堆垛普遍采用竹笆、芦席、麦秸、稻草或油布等可燃材料围封覆盖，占地面积大，一旦发生火灾，极易蔓延扩大。囤、垛着火，粮食四散，给扑救工作带来困难。

（4）在储存保管粮食的过程中，使用大量的垫木、席穴、芦席、麻袋、油布等可燃材料，增加了粮仓的火灾危险性。

（5）有些粮库区内避雷设施不全或年久失修，可能会因遭受雷击而造成火灾。

图 4-5-3 为某粮食仓库火灾现场。

图 4-5-3　某粮食仓库火灾现场

【案例】1991 年 3 月 26 日，湖北省宜昌市粮油储运公司宝塔河粮食仓库因雷击引起火灾，烧毁库房 3057 平方米、大米 12.6 万公斤、麻袋 8580 条、空调机 40 台，直接经济损失 42.7 万元。

（6）设在乡村的粮库，大多消防设施少，消防水源不足，没有供水网，发生火灾后无法保证灭火需要。

2. 储存过程致灾因素多

（1）有些粮食仓库，特别是大型粮食仓库，设有烘干设备，烘干时大多采用明火作业，在烘干过程中温度控制不好，很容易引起火灾。

（2）粮食的化验、熏蒸、杀虫，较多地使用易燃易爆危险化学物品，容易因操作管理不当引发火灾事故。

（3）粮食仓库的装卸多采用机械化、半机械化作业，在电气安装或操作上稍有不慎，容易引起火灾。粮食仓库是粮食集散的地方，来往的人员或进出的车辆、船只很多，可能把火种带进粮食仓库内。

3. 受周边环境影响较大

（1）有的粮食仓库和露天堆垛与生活区或外单位的炉灶之间的防火间距不足，甚至粮食仓库被居住区包围，以致烟囱火星飞落到粮食仓库或场内，容易引起粮堆火灾。

（2）架空电线通过仓库和堆场、囤、垛的上空，一旦电线杆倒断或电线坠落时，直接落到仓库和粮堆上，容易造成短路起火。

（3）有些仓储部门改变库房使用性质出租，或在库区内兴建食品加工厂、开办饭店等，破坏了仓库的原有防火分区，占用了防火间距，这些场所发生火灾后，直接威胁到粮食储存的安全。

（二）防火措施

1. 合理规划布局

（1）在总体规划布局时，粮食仓库应建在村、屯边缘相对独立的安全地带，并在长年主导风向的上风或侧风方向，且不宜与易燃、易爆工厂或仓库贴邻布置。粮仓特别是露天席穴囤和堆垛的上方，不能有架空电线通过，以免电线杆倒断或电线松弛相碰打出火花，引起火灾。

（2）粮食仓库及库区内不同使用性质的建筑之间应留有足够的防火间距，防止一旦发生火灾造成"火烧连营"的局面。为防止外来人员携带火种进入库内，粮食仓库应采用不燃材料建立围墙，并对来往人员进行检查。

（3）保持仓库周围消防车通道畅通，消防通道可与库区交通道路合用，但应成环形，通向各个区，且应满足消防车通行与停靠的要求。

2. 严格控制火源和电源

（1）粮食储存区内，严禁吸烟和动用明火。如因生产需要必须动用明火时，必须办理动火证，经仓库或单位防火负责人批准，并采取严格的安全措施。在明火作业结束后，应细致检查，彻底熄灭残火，确认无火险后方可离去。

（2）机车或其他机动车辆进入库区时，应严格检查，蒸汽机车驶入库区时，应当关闭灰箱和送风器，并不得在库区清炉，机动车排气管必须安装防火罩（火星熄灭器）。

（3）粮库的电器设备应由专人管理，由持证的电工进行安装和维修。仓库内安装电器设备应采用密封防爆型。电器设备应当定期进行安全检测，每年不少于两次，如发现隐患应当立即停止使用。

（4）粮食仓库内除照明外不允许安装其他动力电气线路和设备，引进库房内的电线必须穿金属管配线。灯具应设在走道的上方，与堆垛的水平距离不应小于0.5米；不得使用碘钨灯、60瓦以上的白炽灯；电气开关应设在库房外，并有防雨设施。

（5）动力线路应设在库房外面，使用装卸机械时，电源由橡套电缆引入库内，橡套电缆必须完好，不得损坏或有接头；机械设备的电气开关应配带金属防护罩。

3. 预防粮食发热自燃

（1）为了预防粮食自燃起火，在粮食进仓之前，应严格控制其水分的含量和杂质的比例，凡未达到国家规定标准的，不得进库储存。

（2）应根据粮食的特性，加强对粮堆内部温度和湿度的检查监测。如发现升温现象，必须立即采取通风散热或翻堆、翻仓等措施。

（3）控制粮食仓库内粮食堆垛的储量、高度，有利于粮堆的通风，降低发热温度，减少发生自燃的几率。

4. 注意危险化学物品的防火

粮食储存过程中，需要利用化学药剂抑制粮食本身和微生物的生命活动，防止粮食发热霉变和遭受虫害。常用的化学药剂有磷化铝、磷化锌、磷化钙等磷化物和环氧乙烷，这些药剂都是易燃易爆的危险化学物品。其中磷化物遇水会生成磷化氢，同时产生比磷化氢更易燃烧的二磷化四氢（P_2H_4，又称双磷），二磷化四氢在空气中的浓度达到爆炸下限时，即使在常温下也能自行燃烧。因此，在储存、使用这些化学品时，要特别注意消防安全。

（1）投放磷化铝、磷化钙时，投药点应分散，使磷化氢气体迅速均匀地扩散；防止磷化氢气体浓度超标；药剂应盛放在不燃材料的器皿内，片与片不得重叠，粉剂厚度不得超过0.5厘米，防止产生的热量过于集中；投药后，药剂切忌与水接触，严防库房、堆垛漏雨进水；粮堆与密封帐篷之间应留有一定的空间，防止气体聚集不能及时扩散，造成浓度过大而起火。

（2）投放磷化锌有袋投法和饼投法两种，不管使用何种方法，都必须严格控制重量配比以及硫酸和水的混合溶液的温度，夏季气温高，宜控制在40℃，冬季气温低，宜控制在50℃。投入后，现场必须留人值班，监护时间不能少于半小时。

（3）采用环氧乙烷用于粮食化学储存或熏蒸杀虫时，投药点应分散均匀，不宜过于集中。要严禁明火，操作人员不得穿带钉的鞋，不能使用铁质工具，以免金属摩擦撞击产生火花；室内除防爆灯外，其他电气设备的电源应全部切断；周围50米以内，不准有明火作业。

5. 控制库区内的可燃物

易燃、可燃材料不得随意堆放，应整齐堆放在指定地点，并与库房和堆场留有一定的安全距离。席穴、麻袋等应分类、分堆储存，并宜放在专用库内。库房外和露天堆场内应做到"三不留"，即不留杂草、不留垃圾、不留可燃物。如果采取露天或半露天堆放时，应分成若干小堆，并用油布覆盖。

6. 配备必要的消防设施和器材

（1）仓库内应当按照国家有关消防技术规范标准设置和配备消防设施和器材。

（2）对消防水池、水泵、消火栓、灭火器等消防设施、器材，应由专人管理，负责检查、维修和保养，保证完好有效。严禁圈占、埋压和挪用消防设施。寒冷地区要在冰冻季节到来前，对消防器材设备采取防冻措施。

（3）库区的消防车道和仓库的安全出口、疏散楼梯等消防通道处，严禁堆放障碍物。

7. 其他防火安全管理

（1）必须贯彻"预防为主、防消结合"的方针，建立健全岗位消防安全责任制，落实消防安全管理措施。

（2）新建、改建和扩建的粮食仓库，必须严格按照相关技术标准进行设计和施工，并依法向当地公安机关消防机构申请审核、验收或进行消防设计、验收备案。

（3）应建立昼夜值班、夜间巡逻和节假日领导带班制度。粮油商品收购入库旺季，应根据当地实际情况，制定加强防火安全工作的具体措施。

（4）下班或作业结束后，必须切断仓库内的电源。

（5）粮库在防火安全检查时查出的火灾隐患，应指定人员、限定时间、采取切实措施予以消除。一时难以解决的问题，在及时上报的同时，要采取防范措施，保证安全。

四、棉麻仓库

棉麻仓库的火灾危险性与其储存方式、环境因素及安全管理密切相关，准确把握棉麻仓库的火灾致灾因素，采取针对性的防范、控制措施，是预防火灾发生、降低火灾损失的关键所在。

（一）火灾危险性及消防安全突出问题

棉麻是可燃物品，具有阴燃和自燃的特性。储存棉麻的仓库和堆场一般规模较大，储存量多，火灾荷载大，一旦发生火灾，燃烧猛烈，蔓延迅速，现场扑救和物资疏散难度大（见图4-5-4）。从以往火灾实例看，棉麻仓库火灾的火灾危险性及消防安全突出问题主要有以下五个方面：

图4-5-4 某棉麻仓库火灾现场

1. 安全布局不合理

有些棉麻仓库露天堆垛与架空电力线路、铁路线或建筑的防火间距不足，库区内生产、储存、生活等分区交混布置，容易因生产、生活用火或"飞火"等溅落库区引发火灾。

【案例】2002年3月19日，新疆棉麻公司大河沿棉麻站因上风方向外来飞火引燃棉垛，共烧毁纺织原料2945吨，过火面积超过10000平方米，直接财产损失达1688.8万元。

2. 管理制度不落实

库区管理不善是引发火灾的重要因素。一是火种查收不严格，违规吸烟或者小孩玩火引发火灾；二是动火审批制度不落实，保护措施不到位，维修、检修等明火作业引发火灾；三是运输、装卸车辆、机械设备进入库区时，不采取防火安全措施，排气管喷火或机械摩擦、金属撞击产生火花或者过热引发火灾；四是外围防火巡查不落实，管理失控，燃放烟花爆竹等引燃堆场。尤其在棉麻集中收购季节，人流、物流混杂，原料包装松散，管理人员忙于原料进库、堆垛，安全管理相对薄弱，防火检查不到位，火灾发生几率较高。

【案例】2000年5月5日，河南省开封市棉麻公司杏花营中转库发生火灾，共烧毁棉花375.1吨，直接财产损失360.1万元。火灾原因系工作人员带小孩到仓库值班，小孩玩火引发火灾。

3. 电气设备安装使用不当

电气线路和设备安装不当或年久失修，绝缘层老化、破损，引起短路，产生火花；违规使用大功率照明灯具，与堆垛安全距离不足，长时间烘烤引起火灾；仓库内棉絮、纤维长期附着在电气线路、电气设施上，高温引起棉絮、纤维燃烧等。

4. 自燃

含水量过多或受潮的棉花、黄麻等，如果长时间大量堆积，通风不良，发热积聚不散，可能引起自燃。

5. 雷击

原料库或露天堆场未安装避雷设施或避雷设施失效，可能因雷击起火。

(二) 防火措施

1. 合理规划布局

(1) 棉麻仓库、露天堆场应综合考虑防火、防盗、防水灾等要求，与生产、生活等建筑保持合理的防火间距，库区外应修筑围墙与其他功能分区分隔。

(2) 棉麻堆场、仓库宜建在村、屯边缘相对独立的安全地带，并处在当地常年主导风向的上风或侧风方向，地势略高于周围地面，且靠近水源的地方。生产单位的原料库也应布置在全年最小频率风向的下风侧，并与生产、生活区分开布置。

(3) 库区、堆场应设置消防车通道并保持畅通。其中占地面积大于1500平方米的棉麻仓库，储量大于1000吨的露天、半露天堆场区，宜设置环形消防车道。消防车道与堆场堆垛的最小距离不应小于5米，消防车道的净宽度和净空高度均不应小于4米。

2. 堆垛间应保持足够的防火间距

(1) 堆场和仓库设计储存量应经过统筹考虑后确定，应分产地、等级、批次堆放整齐。原料堆放应控制在一定高度范围内，当仓库屋顶装有天窗时，垛顶与天窗玻璃的距离不应小于1米，以防玻璃可能产生的聚焦产热效应。每个堆垛占地面积不应超过100平方米，棉花堆垛占地面积不应超过150平方米，堆垛下面应垫有一定高度的搁栅，以利通风，防止潮湿蓄热自燃。

(2) 露天堆垛应当分类、分堆、分组、分垛，并留有必要的防火间距。每组不超过6个垛（棉花堆垛每组不超过8个垛），组与组的距离不应小于15米（棉花堆垛组与组的距离不应小于10米），垛与垛之间距离不应小于6米（棉花垛与垛间距不应小于4米）。垛与围墙之间距离不应小于5米，垛高一般不超过6米（棉花堆垛垛高不得超过8米）。露天堆垛的油苫布不能用铁丝等绑扎，以免雷击时产生感应电流。

（3）仓库内堆垛要合理布置垛位，不得堆满垛。垛高距房梁不应小于 1 米，平顶库房，垛高距房顶不应小于 2 米。为利于通风、检查和装卸操作，防止堆垛倾斜增加结构荷载，影响构件支撑力，垛与墙间距不应小于 0.5 米，距柱不应小于 0.2 米。堆垛排列、通道布置应根据所采用的起重机械、运输工具确定，通常情况下，垛间大通道不应小于 2 米，小通道不应小于 1.5 米。

3. 配置并保持消防设施完好有效

（1）棉麻仓库及堆场应按照国家规范标准的要求，结合储存场所的实际情况，在明显、便于取用的地点设置消防设施，配备相应种类和数量的灭火器材。

（2）消防设施应明确专人负责管理，定期对消防设施进行检查测试、维修、保养、更换，保证完整好用。应当建立消防设施档案，载明配置类型、数量、设置位置、检查维修单位（人员）、更换时间等有关情况。

（3）消防设施附近不准堆放其他物品，严禁将消防设施挪作他用。寒冷季节，消防水池、消火栓、灭火器等消防设施应采取防冻处理。

4. 加强用电管理

（1）储存区与生活区的用电线路必须分开，用电线路应采用地下电缆。堆场、仓库、货场的电气设施，必须符合国家规定的有关电气设计、安装、验收标准。

（2）储存区的电源应当设总闸和分闸，每个库房应当单独安装配电箱，配电箱应设在库房外，并安装防雨、防潮等保护措施。禁止使用不合格的保险装置，严禁用铜丝、铁丝、铝丝代替熔丝，电气设备和电线不准超过安全负荷。

（3）库房内宜使用低温照明灯具，灯具的发热部件应采取隔热等防火保护措施，不得使用碘钨灯和超过 60 瓦的白炽灯等高温照明灯具；禁止安装与储存作业无关的电气设备，如需临时照明作业，应采用橡皮电缆工作灯，工作灯要加防护罩，插座必须设在库房外，用完后及时拆除。

（4）对电气设备及电线除经常检查外，每年应进行检测，发现老化、绝缘不良，可能引起打火、短路、发热等情况时，必须立即停止使用，进行修理或更换。对避雷装置必须经常检测、维修。

（5）及时清扫落地棉及其他细散纤维，电气设备周围的棉絮等细小纤维应经常清除，保持清洁。

（6）库房在下班或作业完毕后，必须切断电源。

5. 严格控制火种

（1）库区内严禁吸烟和明火作业，应有醒目的禁火标志。任何人进入库区严禁携带火种、打火机和易燃物品。确因工作需要，在规定的安全距离范围内进行明火作业时，必须经过批准，并采取可靠的安全措施，由专门人员现场监护，作业结束应彻底消灭火种后方可离开，值班警卫人员要加强巡回检查，防止死灰复燃。5级风以上天气不准明火作业。

（2）运输原料的车、船上严禁烟火，厂外运输必须用篷布严密封盖。车、船进入库区前，应有专人检查，严防火种带入库区。

（3）原料进厂和加工车间下脚料成包后，必须在库外安全地点停放24小时以上才能入库和堆垛，以防外界的火种带入库房和堆垛内。

（4）严禁在仓库内使用明火和电热设备取暖。

6. 加强运输车辆管理

（1）进入库区的汽车、拖拉机等所有机动车辆，必须安装防火罩，装卸物料停车后应立即熄火，排气管的一侧不准靠近可燃物。各种车辆不准在库区内停放、修理。

（2）运输车辆进入库区前，应安排专人检查，严防火种带入库区。装卸结束后，应对库区进行安全检查，确认安全后，方可离人。

（3）电瓶车、吊车、铲车必须装有防止火花溅出的安全装置。

7. 加强储存物品管理

（1）仓库应有专职门卫值班，出入库实行严格的检查登记制度。仓库工作人员办公室、休息室不应设在库房内，办公室、休息室如与库房连建时，应用防火墙隔开。

（2）棉麻等天然纤维入库前，要进行认真检查，如发现火种、潮湿霉烂、变质、油渍、包装破损等异状，要及时处理。入库时，必须在收、发货区规定的时间内观察，并派专人监护。

（3）装卸、堆垛、卸垛作业结束后，要对储存区和站台进行彻底检查，排除异常情况。24小时内要加强对新堆垛的巡回检查。

（4）应经常清扫库区内地面，除去各种纤维下脚料、杂草及其他可燃物，以防着火后延燃到原料堆垛。

（5）特别是高温和梅雨季节，应加强对棉麻堆垛内温度和湿度的检查监测工作，发现垛内的温度或湿度过高，应及时翻垛晾晒、倒垛通风，阴雨雾天关闭门窗，以防自燃起火。

（6）破损的原料包，不应直接堆在垛内，应重新包装后再入垛，或者将散包集中在一起，单独妥善存放，以免发生火灾时加速燃烧蔓延。

（7）原料、成品、下脚料必须分库存放，回花一般不得入库，更不得堆集在库外，入库物资必须打包。

8. 严格落实消防安全管理职责

（1）落实逐级消防安全责任制和岗位消防安全责任制，健全消防安全管理制度，配齐消防设施，建立专职、义务消防组织，制定符合库区实际需要的灭火和应急疏散预案，并定期实施演练。

（2）建立消防安全教育培训制度，定期对库区管理、工作人员进行消防安全宣传教育和培训，并做好对新职工、临时工和外来务工人员的防火安全教育，普及消防知识。

（3）建立和健全消防安全检查制度，每月应当至少进行一次防火检查，每天应当进行防火巡查。防火检查要做好记录，发现问题，及时整改，防火巡查人员应当及时纠正违章行为，督促消除火灾隐患；无法当场处置的，应当立即报告后限期整改。

第六节　帐篷、板房安置点防火

我国是世界上自然灾害最为严重的国家之一，灾害种类多，分布地域广，发生频率高。1970～2007年，我国就发生震级M≥5.0地震约4500余次。除了地震灾害多发，我国的洪涝、泥石流等自然灾害的发生频率也较高。据统计，2010年1～8月，全国因洪涝、山体滑坡、泥石流灾害就造成2.3亿人次受灾，211.5万间房屋倒塌，508.5万间房屋损坏，死亡3185人，失踪1067人，紧急转移安置1518.4万人次。帐篷、板房是临时安置受灾群众的主要场所，做好安置点防火工作，避免受灾群众"二次受灾"，具有重要的现实意义。

一、火灾危险性及消防安全突出问题

帐篷和活动板房具有便于大规模生产、方便运输和搭建等突出优点，目前被广泛应用于受灾群众的临时或过渡安置（见图4-6-1）。其火灾危险性及消防安全突出问题主要表现在以下几方面：

图4-6-1　汶川地震灾区的帐篷安置点

（一）多数帐篷不具阻燃性能

尽管有关民政和公安行业标准对帐篷面料的阻燃性能作了要求，但目前在紧急状态下大规模生产、调集的帐篷大多不能满足要求，其面料多数为聚乙烯、聚氯乙烯等未经阻燃处理的化纤篷布，遇明火易燃烧，同时释放大量有毒烟雾，容易造成人员伤亡。

（二）多数板材夹芯材料易燃

由于聚苯乙烯或聚氨酯夹芯彩钢板具有良好的保温隔热功能，生产工艺简单、成本相对较低、便于大规模生产，目前这两类建材大量用于板房建设。但聚苯乙烯或聚氨酯都是易燃材料，遇明火立即熔融滴淌并燃烧，同时释放大量有毒烟雾（见图4-6-2）。一旦板房着火，火灾发展迅速，易形成连片变形、坍塌，且灭火剂不能有效喷射到燃烧的夹芯材料上，火灾扑救困难。

图4-6-2　某板房安置点火灾

（三）帐篷、板房密集搭建

灾害发生后，适合安置受灾群众的场地往往十分有限，安置点内帐篷和板房通常会密集搭建，不能保证必要的防火间距，一旦发生火灾，很可能造成"火烧连营"。

【案例】1997年4月15日，在伊斯兰教圣城麦加附近的米纳地区，一个占地25平方公里的帐篷区因煤气罐发生爆炸引发火灾，在强风作用下，火势迅速蔓延，烧毁帐篷7万多顶，烧死、踩死343人，2000多人受伤。

（四）公共设施损毁，灭火救援困难

自然灾害常常造成道路、通讯、供水、供电等公共设施损毁，短时间内难以完全修复。安置点一旦发生火灾，很可能出现报警晚、消防队赶赴火场时间长、现场消防供水不足、调用物资不能及时到位等情况，不利灭火救援。

（五）火灾隐患多，火灾风险大

在救灾物资大规模运抵灾区前，灾区各级人民政府和群众只能根据实际条件，就地取材，利用茅草、秸秆、竹篱笆、油毛毡、彩条布、大棚薄膜等材料搭建简易临时住所，一旦用火用电不慎，极易引发火灾。受灾群众入住安置点后，也容易忽视消防安全，自行搭建棚户、在通道上堆放物资。在帐篷或板房内生火做饭、使用明火取暖、超负荷使用大功率电热器具、私拉乱接电气线路、随处扔烟头等现象随处可见，增大了安置点火灾风险。

【案例】1975 年 2 月 4 日，辽宁海城发生 7.3 级地震，在震后短短 1 月时间内，共发生防震棚火灾 3142 起，烧死 341 人，烧伤 980 人，火灾及冻伤共伤亡 8271 人，次生灾害伤亡人数占总伤亡人数的 32%。

二、安置点防火技术措施

安置点火灾预防首先应加强源头控制，从安置点建设入手，抓住规划选址、平面布局、建筑材料、消防设施等关键环节，落实技术防范措施，确保消防水源、消防车道、防火间距、公共消防设施等满足基本要求，为后期消防安全管理创造良好条件。

（一）规划选址

安置点选址应遵循工程建设选址的基本原则，应避开地震活动断层和可能发生滑坡、地面塌陷、泥石流、洪灾、雷击等自然灾害及次生灾害影响的地段，避开水源保护区、水库和堰塞湖泄洪区、濒险水库下游地段，避开现状危房、高大建筑物、重大污染源、可燃材料堆场、易燃易爆化学品及放射物品存放处、高压走廊、高压燃气管道及其影响范围，尽量远离树木、铁塔、电杆等易受雷击的物体。在满足以上条件的同时，安置点宜选择交通条件便利、方便受灾群众恢复生产和生活的区域，尽量靠近干线公路，设置 2 条以上宽度不小于 4 米的通车道路与外部联系。

（二）平面布局

1. 帐篷安置点每一防火分区面积不宜大于 600 平方米，确有困难时不应大于 1200 平方米。防火分区之间保持 12 米以上的防火间距，确有困难时不应小于 8 米。同时结合防火间距妥善布置安全疏散通道，安置点内主要道路宽度不小于 4 米。

2. 板房安置点应成组团布置，每 50 套作为一个防火单元，每组团建筑面积不应大于 1200 平方米。组团之间的防火间距不应小于 8 米，组团内建筑行间距不应小于 4 米。确有困难时，组团内建筑设置房间门的墙面与相邻建筑之间的行间距不应小于 4 米，不设置房间门的墙面与相邻建筑之间的行间距不宜小于 2 米（见图 4-6-3）。板房学校、医院等公共服务设施应作为单独防火单元，与其他建筑之间的防火间距不应小于 8 米。安置点内主要道路宽度不应小于 4 米，并应结合主要道路设置环形消防车道，环形消防车道的间距不应大于 160 米。同时，应根据场地建设条件，设置不少于两个方向的安全疏散通道，并设置明显标志。

图 4-6-3　板房之间保持适当的防火间距

（三）构件耐火性能和建筑构造

1. 板房应采用不燃或难燃材料搭建，采用聚苯乙烯或聚氨酯夹芯板时，应选择阻燃型聚苯乙烯夹芯板或达到难燃级别的硬质聚氨酯夹芯板。公用厨房应集中设置，其围护墙和隔墙应采用岩棉夹芯板等耐火性能较好的板材。厨房应通风良好，且宜采用自然排烟。

2. 板房宜为单层建筑，每个防火单元之间应采用不燃材料（包括芯材）进行防火分隔，且应在外墙与屋面相接处断开。

（四）消防设施

1. 消防给水

设有集中供水管网的板房安置点应设置室外消火栓、消火栓箱和消防水池。室外消火栓间距不应大于 120 米，保护半径不应大于 150 米。消火栓箱内应配置至少 1 根直径 65 毫米、长度 20 米的消防水带和 1 支喷嘴口径 19 毫米的水枪。水枪的充实水柱不应小于 10 米。确有困难未设集中供水管网的板房安置点应设置消防水池，配备 2 台以上手抬机动泵和相应的水带、水枪。消防水池应设在安置点内且邻主要道路，并设置安全警示标志。消防水池的有效容积不应小于 3.6 立方米。

2. 灭火器配置

帐篷安置点每 300 平方米帐篷应设一个灭火器配置点，配置不少于 2 具手提式 3 公斤磷酸铵盐干粉灭火器，最大保护距离不大于 20 米。板房安置点每 10 套住房（200 平方米）应设一个灭火器配置点，配置不少于 2 具手提式 1 公斤磷酸铵盐干粉灭火器，最大保护距离不大于 25 米。灭火器配置点应选择在位置明显和便于取用的地点。

3. 消防应急照明灯具和疏散指示标志

中小学、幼儿园、医疗等公共服务设施的公共活动房间和疏散走道，应设置消防应急照明灯具和疏散指示标志。

（五）电气

1. 板房安置点电气设备及电气线路的选型、敷设应符合国家有关消防安全技术规定。配电箱宜设置在室外并采取防水措施。室内线路应采用明敷穿管布线方式，室内电线及进户线应穿金属管或阻燃塑料管，配电箱、电器插座应直接固定在不燃材料上。线路入户前应安装漏电保护器。

2. 由于灾区的技术经济条件所限，每套安置房用电设计负荷通常情况下不会大于 1 千瓦，但应注意总配电线路和每排板房的主配电线路设计容量应适当留有富余量。

（六）防雷

板房安置点宜参照《建筑物防雷设计规范》（GB50057）的有关规定，根据灾区相关气象资料决定是否应采取防直击雷和防雷电波侵入等措施。

三、安置点消防安全管理

安置点消防安全管理，应当按照"当地政府统一领导、相关部门协调监督，安置点管理机构具体负责，受灾群众群防群治"的原则，实行消防安全责任制，建立健全网络化消防安全管理体系。

（一）落实消防安全职责

1. 当地人民政府应当及时出台安置点消防安全管理工作规定，明确各级政府、部门消防工作领导责任，逐级签订责任书，明确工作目标，定期开展考核，落实奖惩措施；应及时组建安置点管理机构，建立管理组织，明确管理人员，落实经费保障，并适时开展监督检查，督促安置点管理机构落实工作职责；应根据实际情况，部署安置点消防监督检查和灭火执勤力量，落实消防设施、器材和装备配备；应定期组织召开协调会、现场会等，及时解决安置点消防工作重大问题。

2. 安置点管理机构具体负责安置点消防安全管理，履行下列消防安全职责：

（1）实行防火安全责任制，确定消防安全责任人；
（2）建立组织管理体系，落实分级或分片管理；
（2）制定消防安全制度，组建志愿消防队；
（3）组织开展防火巡查，及时消除火灾隐患；
（4）组织开展经常性消防安全宣传教育；
（5）维护保养消防设施和器材，确保完好、有效；
（6）保障疏散通道、安全出口和消防车通道畅通；
（7）组织制定灭火和应急疏散预案，并实施演练；
（8）建立消防档案。

3. 各职能部门和有关机构应在当地人民政府的统一领导下，结合各自工作职能履行监督职责。

（1）建设、安监、电力、燃气、公安等部门职责。对安置点建设、改造、拆迁等实施安全生产监督；治理安置点违章搭建；对安置点内违章销售、燃放烟花爆竹，违章使用、存放易燃易爆危险化学物品等行为实施监督；对安置点内违章用电、用气等行为实施监督，维护公共电气设施；对安置点内举办的大型群众性活动实施行政许可和安全监管等。

（2）公安机关消防机构职责。要将设置50顶帐篷或50套板房以上的安置点列为消防安全重点单位实施消防监督检查，对其他安置点作为一般单位实施消防监督抽查。要督促、指导、协助安置点管理机构开展消防工作。要负责安置点火灾扑救和应急救援，负责安置点火灾原因调查和火灾损失统计，负责组织或协助安置点开展消防宣传教育。

（3）公安派出所职责。要对公安机关消防机构授权监管的安置点实施日常消防监督检查，负责督促、指导、协助安置点管理机构开展消防工作，组织或协助安置点开展消防宣传教育。

（4）专职消防队应在当地公安机关消防机构的统一调动下参与安置点火灾扑救和应急救援。

4. 安置点志愿消防队应履行下列职责：
（1）落实轮流值班人员，每班不少于3人；
（2）开展24小时防火巡查；
（3）进行防火宣传教育；
（4）维护管理消防设施、器材和装备；
（5）及时发现并妥善处置初起火灾、及时组织受灾群众疏散。

5. 安置点受灾群众应履行下列义务：
（1）自觉遵守消防法律法规和各项消防安全管理规定；
（2）自觉维护安置点消防安全、保护消防设施；

（3）主动参与安置点火灾预防，发现火情及时报警；

（4）成年人应参加有组织的灭火工作。

（二）规范日常消防安全管理

1. 安置点管理机构应建立完善安置点用火、用电、用气管理，志愿消防队组织管理，防火巡查、检查，消防设施器材维护管理，消防宣传教育培训和消防档案管理等制度，确保各项工作有章可循。各项制度应制作标牌上墙公示，并通过多种形式的消防宣传教育进行公告。

2. 安置点管理机构应做好受灾群众入住初期的行为规范和消防意识养成，通过与入住群众签订消防安全协议、承诺书，制定防火公约，建立"十户联防"机制等形式，发动群众互相监督，实行自我管理，落实自防自救（见图4-6-4）。

图4-6-4　向入住群众发放消防宣传资料

3. 安置点管理机构应组织志愿消防队落实每天24小时防火巡查，重点开展早、中、晚生火做饭期间和夜间、停电及来电后的"五巡查"。防火巡查人员应及时纠正违章行为，妥善处置火灾隐患。巡查应做好记录。一旦发现火灾，应立即报告，迅速组织疏散并实施扑救。火灾扑灭后，安置点管理机构应保护现场，接受事故调查，如实提供火灾事故情况，协助公安机关消防机构调查火灾原因，核定火灾损失，查明火灾事故责任。

4. 安置点管理机构应动态掌握相关基本情况，对老、幼、病、残、孕等人员做好登记，对空置、堆物、租借、破损、搬迁或改为营业使用的帐篷、板房及时清查，对水、电、气、油等使用情况随时了解，对进出安置点的车辆、物资、人员等做好访查，为火灾预防、灭火救援等工作提供准确信息。

5. 安置点管理机构建立的消防档案应包括下列内容：

（1）消防管理组织机构和消防安全责任人；

（2）消防安全制度；

（3）消防设施和器材配置及维修保养情况；

（4）志愿消防队人员及其消防装备配备情况；

（5）灭火和应急疏散预案；

（6）火灾隐患及其整改情况记录；

（7）防火巡查记录；

（8）消防宣传教育和培训记录；

（9）火灾情况记录。

6. 公安机关消防机构和公安派出所应统筹协调安排警力，根据需要在安置点设消防警务室，配备 1 名消防警官或专（兼）职消防民警，实施现场消防监督和指导。消防警务室应统一制作标牌，设置消防宣传栏、警民联系卡、消防组织结构图和意见箱等。

（三）整治火灾隐患

1. 安置点管理机构应当结合安置群众日常生活行为，针对重点问题开展防火巡查、检查，发现火灾隐患，应认真督促落实整改。

（1）检查有无在帐篷或板房内违章使用明火做饭。

（2）检查有无私自搭建棚户或在道路、通道上堆放物资。

（3）检查有无私拉乱接电气线路，违章使用大功率电器。

（4）检查有无在帐篷或板房内私自使用、存储液化石油气等易燃易爆危险品。

（5）检查使用蚊香、电热灭蚊器、蜡烛等是否采取安全措施。

（6）检查灶具与帐篷、板房隔墙是否留有足够的安全距离，是否采取防火阻隔措施；液化气、天然气灶具阀门、管线是否漏气，厨房是否通风良好。

（7）检查消防设施器材是否完整好用，是否存在被圈占、埋压或者遮挡、损毁现象等。

2. 对以上检查发现的第（1）、（2）、（3）（4）项隐患，应第一时间采取多种措施督促整改，特别注意防止跟风效仿，形成普遍现象。

3. 公安机关消防机构、公安派出所应依法实施消防监督检查，督促火灾隐患整改。

4. 经安置点管理机构、公安机关消防机构或公安派出所督促，尚不能有效整改的火灾隐患，应及时报请当地人民政府妥善解决。

（四）加强消防宣传教育

1. 安置点应采取开通消防广播、播放消防警示片、发送手机短信、现场讲解消防知识、发放消防宣传单、设置消防宣传栏、喷涂或悬挂消防宣传标语等多种形式，广泛开展经常性消防宣传教育。

2. 安置点应每半年至少组织一次全员消防安全教育培训活动。教育培训活动应包括下列内容：

（1）安置点的火灾危险性和本安置点的防火措施；

（2）消防设施和器材的使用方法；

（3）报火警、扑救初起火灾以及自救逃生的知识和技能；

（4）本安置点防火工作讲评。

（五）强化灭火救援

1. 公安机关消防机构应根据安置点规模和消防保卫任务需要，设置安置点消防站或执勤点（见图4-6-5），配备执勤人员和执勤装备，承担驻地和相邻安置点的灭火救援、抢险救灾、防火巡查和消防宣传任务。

图4-6-5　某安置点消防站

2. 志愿消防队应按安置点入住群众2%～10%的比例落实消防队员，并根据实际条件，配备消防车、手抬机动泵、水枪、水带、灭火器、消防斧、火钩、照明灯具、个人防护器材、报警电话、对讲机、手持扩音器、铜锣、口哨等装备。志愿消防队应每月组织一次灭火和应急疏散演练。

3. 安置点应加强消防水源和供水设施的维护管理，结合实际定期检测消火栓水量、水压，定期为消防水池补水清淤、打捞杂物，定期启动消防泵并加注燃料和机油。对距离安置点较近的天然水源、灌溉用蓄水池等宜设取水口，辅助保证消防用水。农用抽水泵、潜水泵等可兼作自救灭火供水设施。

4. 规模较大的安置点宜定点联系 1~2 台挖掘机作为破拆机械。安置点火灾扑救，应贯彻"救人第一"和"小火就灭、大火就拆"的战术原则。对板房进行内攻灭火时，应事先采取冷却保护等措施，特别注意防止板房坍塌伤人。

【思考题】

1. 简述农村家庭的火灾危险性及消防安全突出问题。

2. 农村家庭预防因取暖引发火灾有哪些措施？

3. 中小学、幼儿园、托儿所发生火灾的主要原因是什么？

4. 对中小学、幼儿园、托儿所实施防火检查和巡查时应重点关注解决哪些问题？

5. 卫生院发生火灾的主要原因是什么？

6. 对卫生院实施防火检查和巡查时应重点关注解决哪些问题？

7. 公共娱乐场所的火灾危险性及消防安全突出问题有哪些？

8. 对于公共娱乐场所安全疏散门的设置有哪些要求？

9. 简述集贸市场的火灾危险性及消防安全突出问题。

10. 简述宗教活动场所的火灾危险性及消防安全突出问题。

11. 简述祭祀活动的防火要求。

12. 举办庙会活动应采取哪些消防安全管理措施？

13. 简述个体作坊的火灾危险性及消防安全突出问题。

14. 简述"三合一"场所的防火要求。

15. 农作物堆场常见的火灾原因有哪些？

16. 粮食仓库的防火要求主要有哪些？

17. 棉麻仓库应当采取哪些消防安全措施？

第五章　农村消防队伍建设和火灾扑救

加强农村消防队伍建设，提升农村火灾扑救和应急救援能力，最大限度减少火灾人员伤亡和财产损失，对改善农村民生、维护农村社会稳定具有重要意义。

第一节　农村消防队伍建设

近年来，为弥补公安消防警力无法全面覆盖乡村的不足，我国大力发展以政府专职消防队、志愿消防队为主的农村消防队伍建设。截至 2010 年，全国共组建乡镇政府专职消防队 6534 个，队员 6.8 万余人；组建农村志愿消防队 7 万多个，队员 42 万余人。

一、建设要求

《消防法》规定，乡镇人民政府应当根据当地经济发展和消防工作的需要，建立专职消防队、志愿消防队，承担火灾扑救工作；机关、团体、企业、事业等单位以及村民委员会、居民委员会根据需要，建立志愿消防队等多种形式的消防组织，开展群众性自防自救工作。

（一）专职消防队

按照《关于深化多种形式消防队伍建设发展的指导意见》要求，"十二五"期间，下列未建公安消防站的地方应当建立政府专职消防队：

1. 公安消防站数量未达到国家《城市消防站建设标准》规定的城市和县人民政府所在地镇；

2. 建成区面积超过 5 平方公里或者居住人口 5 万人以上的乡镇；

3. 易燃易爆危险品生产、经营单位和劳动密集型企业密集的乡镇；

4. 全国和省级重点镇、历史文化名镇；

5. 省级及以上的经济技术开发区、旅游度假区、高新技术开发区，国家级风景名胜区。

图 5-1-1 为某乡镇政府专职消防队的成立仪式现场。

图 5-1-1　某乡镇政府专职消防队成立仪式

（二）志愿消防队

按照《关于深化多种形式消防队伍建设发展的指导意见》要求，除应当建立政府专职消防队的乡镇以外，其余乡镇、建制村应结合本地实际和灭火救援需求，因地制宜地建设志愿消防队、保安消防合一的治安联防消防队或者消防执勤点，提高自防自救能力。

二、职责任务

（一）专职消防队

根据《消防法》规定，专职消防队的主要职责任务是承担火灾扑救工作。同时依照国家规定承担重大灾害事故和其他以抢救人员生命为主的应急救援工作，内容包括危险化学品泄漏、道路交通事故、地震及其次生灾害、建筑坍塌、重大安全生产事故、空难、爆炸及恐怖事件和群众遇险事件的救援工作。同时专职消防队还应当参与配合处置水旱灾害，气象灾害，地质灾害，森林、草原火灾等自然灾害，矿山、水上事故，重大环境污染、核与辐射事故和突发公共卫生事件。

通常情况下，专职消防队的执勤人员由执勤队长、战斗员、驾驶员和电话员组成，每辆消防车的执勤战斗员根据需要配备。其主要任务是：

1. 参照公安消防部队执勤条令和业务训练大纲要求，加强灭火战术、技术训练，不断提高业务素质和灭火作战能力。

2. 针对重点保卫对象，制定灭火救援预案，进行实地演练（见图 5-1-2）。

图 5-1-2　正在组织演练的志愿消防队

3. 做好日常管理教育工作，强化纪律观念，养成良好作风，提高快速反应能力。

4. 随时做好灭火战斗准备，一旦发现火灾或接到群众报警立即出动施救，及时抢救人员和物资。当接到公安机关消防机构调动命令时，迅速出动，听从火场指挥员的统一指挥。

5. 建立防火责任制，参与防火安全检查、巡查工作，督促整改火灾隐患，建立防火档案。

6. 开展消防宣传活动，普及消防知识，推动消防安全制度的贯彻落实，并负责指导志愿消防队开展训练。

7. 定期向主管领导和公安机关消防机构汇报消防工作。

（二）志愿消防队

志愿消防队主要负责本地区的自防自救工作，主要包括扑救火灾；消防安全教育、培训；防火巡查、检查；消防值班；消防设施、器材维护管理以及其他必要的消防安全工作。志愿消防队还应当定期开展教育训练，熟练掌握防火、灭火知识和消防器材的使用方法，做到能进行防火检查、扑救火灾和协助公安消防队、专职消防队扑救火灾。

三、组织管理

（一）规范组建

乡镇人民政府应根据实际情况，制定消防队伍建设发展规划和工作目标。

政府专职消防队可以单独建设，也可由两个以上乡镇联合建立，营房设施和装备配备参照国家《城市消防站建设标准》执行，经济欠发达地区的政府专职消防队，应达到有人员、有营房、有车辆、有执勤的基本要求。专职消防队的建立，应当符合国家有关规定，并报当地公安机关消防机构验收。

图 5-1-3 为某专职消防队正在组织训练的场面。

图5-1-3　某专职消防队正在训练

（二）加强管理

乡镇人民政府应加强消防队伍的领导和管理。专职消防队应参照公安消防队管理要求，以单独编队执勤为主，实行统一管理、称谓、标识、服装，24 小时执勤，参与火灾扑救、消防安全检查和消防知识宣传，接受公安机关消防机构的业务指导和统一指挥。专职消防队、志愿消防队应建立健全各项规章制度，开展消防业务训练，组织联合演练，提高防火、灭火业务水平。

（三）落实保障

乡镇人民政府要将政府专职消防队建设和运行经费列入财政预算予以保障，根据当地消防工作需要，配置与其任务相适应的装备和个人防护器材，将消防车纳入特种车管理范围，按特种车辆上牌，可以安装、使用警报器和标志灯具。应按照国家有关规定落实政府专职消防队员的工资、社会保险和福利，使消防队员依法获得与其工作性质、劳动强度相适应的工资、福利待遇。消防队员在业务训练、灭火战斗或应急救援等活动中因工受伤、致残或死亡的，应当按照有关规定妥善处理，确保消防队伍的稳定和健康发展。

（四）考核指导

各级人民政府应将农村消防队伍建设作为政府领导干部政绩考核的重要内容，纳入社会治安综合治理、创建文明乡镇、平安乡村等内容实施考评。对做出突出成绩的，给予表彰和奖励；对未按期完成任务的，予以通报批评；对未落实建设、管理要求，致使火灾发生后得不到有效扑救，造成重特大火灾事故的，依法追究行政责任、刑事责任。专职消防队、志愿消防队应当接受公安机关消防机构在火灾预防、消防检查、消防宣传、车辆装备管理、火灾扑救等业务建设方面的指导，努力提高队伍整体业务能力。

第二节　火灾扑救

一旦发生火灾，应当及时报警，同时积极组织自救。在专业消防队伍到场之前，乡镇政府和村民委员会应组织专职消防队、志愿消防队等开展初起火灾扑救，最大限度减少人员伤亡和财产损失。

一、火灾扑救及其相关工作的组织实施

（一）第一时间报警

1. 认识报警的重要意义

火势发展往往难以预料，扑救方法不当、环境条件改变等原因，都有可能造成火势扩大，因此只要发现失火，不管火势大小，都应立即报警。

2. 了解报警的法律规定

《消防法》第四十四规定："任何人发现火灾都应当立即报警。任何单位、个人都应当无偿为报警提供便利，不得阻拦报警。严禁谎报火警。"

3. 掌握报警的方法

"119"是我国火灾报警专用电话号码，任何人发现火灾，应当立即拨打"119"报告火警。同时，可以使用电话、警铃或敲钟、敲锣、大声呼救、广播等多种方式，向邻近单位、周围群众示警、求助。拨打火灾报警电话不收费，公安消防队、专职消防队扑救火灾和应急救援也不收取任何费用。

4. 讲清报警的内容

报火警时，要向接警人员讲清楚起火单位的名称和地址，尤其要讲清楚火场所处的县、乡镇、村庄、街道名称，说明附近有无明显的建筑物或其他标志，还要讲清楚什么物品着火、火势大小、有无人员被困、有无爆炸和毒气泄漏，并留下报警人姓名及电话号码。

报警以后，还应保持通讯畅通，及早清理可能影响消防车通行的障碍物，并派专人到附近的路口等候消防车，指引通往火场的道路。

（二）积极组织自救

多数农村火灾现场距离消防队驻地较远，消防队接警后赶赴火场所需时间较长，因此农村火灾初起阶段的扑救应立足于自救。火灾发生后，当地乡镇、村民委员会的负责人应尽快组织本地区或本单位消防队伍和群众灭火自救，不能一味地等待，延误最佳灭火救人时机。在灭火自救过程中，应把握好以下三个基本原则：

1. 救人第一和集中兵力的原则

要做好人员清点和火场观察、询问，掌握是否有人员被困。一旦发现被困人员，要全力以赴展开救援。要及时疏散可能受到火势威胁的人员，特别是对老、幼、病、残、孕等特殊人员要安排专人协助转移疏散。同时，要迅速把灭火力量和灭火器材集中用于火场主要方面，在最短的时间内最大限度扑灭初起火灾、抢救被困人员和贵重物资。

2. 先控制、后消灭的原则

对于一时难以扑灭的火灾，要首先控制火势的蔓延扩大，在具备了扑灭火灾的条件时，再展开全面进攻，一举消灭。特别是在力量薄弱、装备欠缺的自救阶段，如不能及时有效控制，灭火力量应重点放在开辟隔离带、破拆火势蔓延方向上的建筑物等火场主要方面，把火灾控制在一定范围内，为专业消防队伍到场灭火争取宝贵的时间十分重要。

3. 先重点、后一般的原则

要全面了解并认真分析火场情况，分轻重、分主次施救。比如人和物相比，救人是重点，贵重物资和一般物资相比，保护和抢救贵重物资是重点。

（三）协助专业队伍

专业消防队到场后，前期组织开展灭火自救的负责人应将火场指挥权移交，听从专业消防队指挥员的统一调遣，积极提供火场前期处置情况，主动配合、协助做好灭火救援工作。

1. 提前寻找火场附近一切可利用的水源，比如消火栓、河流、湖泊、沟渠、水井等，及时清理阻挡消防车通行和灭火进攻路线上的障碍物。

2. 及时向专业消防队指挥人员报告火势大小、燃烧物质、水源道路、有无毒害和易燃易爆物质等火场情况，引导消防车辆和人员顺利到达火场。

3. 在专业消防队的统一安排下，组织设立警戒区域，组织疏散无关人员撤离警戒区域，维护火场秩序，防止出现哄抢或围观妨碍正常灭火救援行动的现象，确保火灾扑救工作顺利进行。

4. 火灾得到有效控制后，要协助公安机关消防机构及时寻找受灾群众和现场目击者，了解火灾有关情况。

（四）稳妥处理善后

火灾扑救工作结束后，当地政府或者单位应积极处理善后，主要做好以下几方面工作：

1. 留专人监视、保护火灾现场，防止复燃和人为破坏。

2. 积极协助配合公安机关消防机构开展火灾原因调查和火灾损失统计。

3. 及时协助受灾群众处理保险理赔等相关善后事宜，积极采取应对措施，解决生活保障与安置问题，稳定受灾群众情绪，尽快恢复正常生产生活秩序。

二、不同类型火灾扑救

不同建筑、不同场所、不同物质的火灾，其燃烧特点、危害性、扑救方法和注意事项都有所区别，不管是群众自救还是专业消防队伍的扑救，都应注意根据火场实际情况，采取针对性的措施。

（一）木结构建筑火灾扑救

木结构建筑火灾具有燃烧温度高、蔓延迅速的特点，容易形成立体燃烧和"火烧连营"的局面（见图5-2-1）。扑救木结构建筑火灾应注意：

1. 及时查明火情

查明起火部位；查清燃烧的器物、构件和范围；查明有无人员被困，查明有无珍贵物资，查清能否使用直流水灭火；查清火灾蔓延的方向、发展趋势以及对上下和周围建筑物的影响程度；查明楼梯、走廊、通道是否烧坏受阻，确定最佳进攻路线；查清屋顶和承重构件烧损程度，判断有无倒塌危险。

2. 做好灭火人员安全防护

木结构建筑发生火灾，容易出现砖、瓦、木椽等掉落和屋顶、墙体倒塌等情况，火灾扑救应做好个人防护，随时注意观察火场变化，一旦发现危险征兆，应立即撤退内攻及周边灭火人员。

3. 适时采取破拆措施

由于木结构建筑火灾蔓延迅速，通常应在灭火控制力量不足的情况下，根据火势发展蔓延情况，对建筑局部或周边建筑实施破拆。

4. 灭火后做好清理工作

木结构建筑火灾扑灭后，对火场清理要细致彻底，要注意扑灭内部阴燃和零星火点，防止复燃。

（二）住宅火灾扑救

农村住宅火灾发生频率较高，易造成人员伤亡。扑救农村住宅火灾应注意：

1. 救人第一

住宅火灾发生后，应迅速组织逃生疏散，切不可为抢救财物复入火场。组织灭火前要先做好火情侦察，询问知情人，掌握住宅及内部物资燃烧情况，当发现有被困人员时，应迅速组织救援。

图 5-2-1　木结构建筑火灾

2. 立足自救

由于大多数农村距消防队较远，加之交通不便，消防车难以迅速赶到火场。火灾发生后，应在保证人员安全的前提下，迅速采用灭火器或利用农用抽水泵、潜水泵、灌溉用水管、生活用水管等设施，就近抽取河流、沟渠、堰塘里的水自救灭火，力争把火灾扑灭于初起阶段。据统计，每年发生在农村的火灾中，有一半以上是在消防队到达前自救扑灭的。

（三）可燃气体火灾扑救

沼气、液化石油气、天然气等可燃气体具有易燃易爆性、扩散性、易膨胀性和毒害性，其燃烧产生的热值大、温度高，蔓延迅速、扑救困难。如果气体发生泄漏，与空气混合，极易形成爆炸性混合气体，遇明火或者其他微小火源会发生爆炸，危害性极大（见图 5-2-2）。扑救可燃气体火灾应注意：

1. 设置警戒，及时疏散

应综合考虑可燃气体泄漏量、扩散范围等因素，及时合理划定警戒区，禁绝火源，疏散人群、车辆以及重要物资。

2. 积极冷却，防止爆炸

应对火场周边受威胁较严重的各种容器、管道进行冷却，能移动的要及时搬移，防止引起更大范围燃烧、爆炸，造成火场更复杂局面。

3. 堵漏断料，择机灭火

在充分做好关阀堵漏准备、具有切断气流条件、周围无任何火源，对周围金属结构充分冷却后无复燃可能等各种条件同时具备的情况下，应掌握时机，选择火焰由高变低，声音由大变小时（即压力变小时）进行灭火。灭火后，应确认气源已彻底切断，并使用蒸汽或喷雾水稀释和驱散余气。

图 5-2-2　扑救燃气管道火灾

4. 加强防护，及时撤离

进入警戒区的人员，应扎紧衣服领口、袖口、裤脚口，有条件的尽量穿戴专用防护服，勿使皮肤外露。进入现场的人员严禁穿钉鞋，要采用不发火花工具，严禁穿化纤衣服，同时要淋湿衣服，防止静电火花。进攻时要尽量减少一线作战人员，同时要时刻注意观察燃烧情况，发现火焰由红变白、燃烧中发出刺耳的哨声、罐体管道抖动等爆炸征兆时，必须立即组织人员撤退。

（四）电气火灾扑救

电气火灾与一般火灾相比，有两个突出的特点：一是电气设备着火后可能仍然带电，并且在一定范围内存在触电危险，二是充油电气设备如变压器等受热后可能会喷油，甚至爆炸，造成火灾蔓延且危及救火人员的安全。因此，扑救电气火灾必须根据现场火灾情况，采取适当方法，保证灭火人员的安全。

1. 断电灭火

电气设备发生火灾或引燃周围可燃物时，首先应设法切断电源。在拉闸断电时，要使用绝缘工具；剪断电线时，不同相电线应错位剪断，并应在电源侧的电线支持点附近剪断电线，防止电线剪断后跌落在地上，造成电击或短路；如果火势已威胁邻近电气设备，应迅速切断相应电气设备的电源；夜间发生电气火灾，切断电源时要考虑临时照明问题。

2. 带电灭火

如果无法及时切断电源而需要带电灭火时，应选择干粉、卤代烷或二氧化碳灭火器灭火，但不得选用装有金属喇叭喷筒的二氧化碳灭火器；灭火时，要保持人及所使用的导电消防器材与带电体之间足够的安全距离，扑救人员应带绝缘手套；对架空线路等空中设备进行灭火时，人与带电体之间的仰角不应超过45°，防止电线断落后触及人体；如带电体已断落地面，应划出一定警戒区，以防跨步电压伤人。

3. 充油电气设备灭火

充油电气设备着火时，应立即切断电源。如外部局部着火时，可用二氧化碳、干粉、卤代烷灭火器灭火；如设备内部着火，且火势较大，切断电源后可用水灭火；有事故储油池的应设法将油放入池中，再行扑救。要防止充油电器爆炸伤人，扑救时保持一定的安全距离。

（五）生产加工场所火灾扑救

很多生产加工场所可燃物资集中，用火用电量大，一旦发生火灾，燃烧猛烈，容易形成大面积燃烧，且建筑空间较为密闭，供氧不足，燃烧不充分，发烟量大，对人体产生严重的窒息、毒害作用。有的劳动密集型生产加工企业，将员工宿舍与厂房、仓库设置在同一建筑物内，没有严格的防火、防烟分隔措施，缺少独立设置的疏散设施，火场疏散救援任务艰巨（见图5-2-3）。扑救生产加工场所火灾应注意：

1. 加强熟悉，制定预案

各种消防力量要熟悉掌握辖区生产加工场所地址、道路、水源、建筑结构特点、耐火等级、储存物质理化性质等情况；制定详细的灭火和应急疏散预案，组织开展模拟逃生演练和现场消防实战演习，提高随机火场实战能力。

2. 迅速出动，侦察救人

对于可燃物资多、人员密集的生产加工场所火灾，要加强第一出动力量调集。到达火场后，灭火人员要仔细进行火情侦察，询问知情人有无人员被困，有无爆炸和有毒物品，在实施火灾扑救时，坚决贯彻"救人第一，集中兵力打歼灭战"的指导思想，积极抢救受困人员。

3. 近战强攻，堵截火势

要积极实施近战和强攻，对火势蔓延的主要方向实施重点堵截，直攻燃烧部位，保护重要机械，对可以移动的设备组织人员搬移，对不能移动的贵重设备，要多投入力量加以保护，如力量不足时，可采取破拆等多种措施，以阻止火势蔓延。

4. 加强防护，防止意外

深入内部救人、灭火的人员应加强个人防护，确保自身安全。扑救车间火灾时（见图5-2-3），应配齐个人防护装备，防止高温灼伤、坠落物砸伤和中毒等；扑救大跨度场所火灾时，指挥人员要根据燃烧时间的长短、建筑物结构变化以及一些异常响动等情况，及时下达撤离命令，保证扑救人员的安全。

图 5-2-3　扑救生产加工场所火灾

5. 仔细搜索，扑灭余火

火灾扑灭后，应对火场进行全面细致的检查，消除余火，排除险情和隐患，防止复燃。要反复检查建筑物的起火部位和闷顶、空心墙、地板、通风管道、保温层等处，翻扒被埋压在瓦砾灰烬中的可燃物质，看是否有余火和阴燃，发现后及时扑灭。如遇大风天，应检查火场下（侧）风方向有无热辐射或飞火引燃的可燃物质、建筑物等。

（六）堆垛火灾扑救

农村堆垛多数为可燃物，且储量大，一旦燃烧，蔓延迅速，火势难以得到有效控制（见图 5-2-4）。扑救堆垛火灾应注意：

图 5-2-4　扑救草垛火灾

1. 做到接警准、出动快

在接警时一定要问清燃烧物质、受火灾威胁程度、火势大小等情况，特别要问清是否通车（包括大功率水罐车），以便根据情况调派车辆。报警人员务必在叉路口、村口或主要道口等候消防车，避免消防车走错路或走弯路，争取在最快时间到达火场。

2. 坚持"先控制，后消灭"原则

消防车到场后不要盲目出水，见火就打，一定要把有限的水用在切断蔓延方向和控制火势上，努力不让火势扩大。从经济价值方面考虑，消防车到达火场如火势已形成大面积燃烧，到场车辆难以全面控制时，则应集中力量保护重要部位或者在下风方向堵截，防止火势蔓延扩大。

3. 机动灵活，有效灭火

对无法通车或车辆无法靠近的火场，要充分发挥手抬机动泵或农用抽水泵等设备机动、灵活的优势灭火。水枪通常应选用直流水枪，如使用开花水枪灭火易造成火星飘散导致火势蔓延，同时应尽量减少横扫、竖扫等灭火动作，防止迸飞火星。

4. 清理火场，扑灭余火

大多数堆垛火灾都是由外而内燃烧，在扑灭表面明火后，为防止复燃，要组织人工和大型机械进行翻垛，彻底检查并扑灭阴燃火。火灾扑救中不可轻易登垛，防止堆垛坍塌造成人员伤亡。

（七）人员密集场所火灾扑救

人员密集场所火灾的最大特点是容易造成人员大量伤亡。扑救人员密集场所火灾应注意：

1. 加强第一出动

人员密集场所发生火灾后，应迅速按预案调集足够的灭火救援力量第一时间赶赴火场，宁多勿少，切忌零打碎敲。

2. 坚持"救人第一"

人员密集场所火灾扑救，首要任务是疏散救人。要在第一时间打开所有出口，尽快引导在场群众疏散。要及时侦察掌握现场情况，坚持速战速决，争取用最短时间、最快速度疏散抢救出最多被困人员。人员搜救一般按照先着火层、然后着火层上层、最后着火层下层的顺序进行。搜救人员、单位工作人员、医务人员要按照统一指挥，密切配合，周密做好人员清点和救助工作。

3. 做好安全防护

搜救灭火人员应佩带好空气呼吸器、呼救器、安全绳等防护装备，以2～3人为一个小组，绝不可单独行动。搜救行动要以门或承重墙、柱等为依托，紧靠墙走，注意顶部及身边建筑构件的情况，避免构件坠落或倒塌造成人员伤亡，并随时和外界保持联系。

（八）森林、草原火灾扑救

依据《森林法》、《草原法》和《森林防火条例》、《草原防火条例》的规定，发生森林、草原火灾后，当地人民政府应当按规定组织和动员专业扑火队和受过专业培训的群众扑火队，不得动员残疾人、孕妇和未成年人以及其他不适宜参加森林、草原火灾扑救的人员参加。接到扑救命令的单位和个人，必须迅速赶赴指定地点，投入扑救工作。扑救森林、草原火灾应特别注意：

1. 强化安全措施

（1）指派有扑火经验的同志担任前线指挥员；临时组织的扑火人员，必须指定区段和小组负责人。

（2）明确扑火纪律和安全事项；检查扑火用品是否符合要求。

（3）加强火情侦察，组织好火场通信、救护和后勤保障。

（4）选定进退路线和安全区；从火尾入场扑火，沿着火的两翼火线扑打，不要直接迎风打火头，不要打上山火头，不要在悬崖、陡坡和破碎地形处打火，不要在大风天气下、烈火条件下直接扑火，不要在草木稠密处扑火。

2. 掌握脱险自救方法

（1）退入安全区。扑火时，要观察火场变化，出现飞火和气旋时，应组织扑火人员进入火烧迹地、植被少、火焰低的地区。

（2）按规范点火自救。要统一指挥，选择在比较平坦的地方，一边点顺风火，一边打两侧的火，一边跟着火头方向前进，进入到点火自救产生的火烧迹地内避火。

（3）按规范俯卧避险。发生危险时，应就近选择植被少的地方卧倒，脚朝火冲来的方向，扒开浮土直到见着湿土，把脸放进小坑里面，用衣服包住头，双手放在身体正面，过火后立即滚灭或相互扑灭。

（4）按规范迎风突围。当风向突变，火掉头时，指挥员要果断下达突围命令，队员自己要当机立断，选择草木较小、较少的地方，用衣服包住头，憋住一口气，迎火猛冲突围。

【思考题】

1. 木结构建筑火灾的扑救对策有哪些？

2. 农村电气火灾的特点有哪些？扑救对策和注意事项是什么？

3. 堆垛火灾的扑救难点是什么？如何组织堆垛火灾的初期扑救？

4. 结合农村实际分析农村火灾的成因、火灾特点以及扑救方法，论述如何做好当地灭火和应急疏散预案的制定与演练工作。

第六章　农村消防宣传教育

抓好农村消防宣传教育，普及消防法规和消防知识，提高农民群众的消防安全素质，是预防农村火灾、减少火灾危害的治本之策。各乡镇人民政府和村民委员会要将消防宣传教育纳入日常工作部署、考评的重要内容，发动党员骨干力量积极参与，利用多种形式，经常组织对村民进行消防宣传和培训，努力提升农民群众的消防安全自防自救能力。

第一节　农村消防宣传

农村消防宣传的目的是提高农民的消防安全意识和逃生自救能力。开展农村消防宣传，必须结合农村火灾的规律和特点，讲究方式方法，贴近群众、贴近实际、贴近生活，注重灵活性、针对性和实效性，确保取得扎实效果。

一、消防宣传的内容

开展农村消防宣传，重点有以下几个方面的内容：

（一）消防工作的方针和政策

"预防为主，防消结合"的消防工作方针和以消防安全责任制为核心的各项消防安全工作的具体政策，是保护人身财产安全，维护公共安全的重要措施。因此，进行农村消防宣传，首先应当进行消防工作的方针和政策教育，这是调动群众积极性、做好消防安全工作的前提。

（二）消防法规

消防法规包括消防法律、消防行政法规、地方性消防法规、部门和地方消防规章等，是人人应当遵守的准则。通过消防法规宣传教育，使农民懂得哪些应该做，应该怎样做；哪些不能做，为什么不能做，做了又有什么危害和后果等，从而使各项消防法规得到正确的贯彻执行。消防法规宣传应当针对不同对象有所侧重，特别是对农民进行宣传时，不能照本宣科，要将消防法规中与农民生产、生活密切相关的内容进行总结提炼，采取农民喜闻乐见的形式进行宣传教育，才能起到良好的效果。

（三）消防基础知识

消防基础知识是每个人都应了解、掌握的最基本的预防火灾、扑救初起火灾及火场逃生自救常识和技能。如物质燃烧知识、电气防火知识、建筑防火知识、易燃易爆物品防火防爆知识，家庭防火、灭火常识，消防器材使用、火灾逃生自救互救知识和技能，发生火灾后如何报警、如何扑救初起火灾等。

（四）典型火灾案例

典型火灾案例教育通过火灾实例，剖析火灾原因，向农民阐明火灾危害性，使大家从火灾案例中汲取教训，提高自身消防安全意识，增强防火警惕性。火灾案例教育是一种具有较强说服力的教育形式。

二、消防宣传的方法

（一）利用传媒开展消防宣传

一是广播。据统计，截至2009年，中国城乡有收音机5亿台，广播听众近12亿，全国广播综合人口覆盖率为94.5%。应大力开展"消防广播进农村"活动，通过在广播电台上开设固定的消防栏目，播报消防新闻，通报各地火灾情况，剖析火灾案例，宣传防火灭火知识。各地可组织和引导村民收听，接受消防教育。各地也可利用有线广播，或各村自设的"大喇叭"，每天固定一个时段，播放消防安全自救常识，消防安全公约，安全用电、用火、用油、用气的注意事项等，让村民不出门，在家里便能学到与自己生产、生活息息相关的消防知识。

二是电视。有关数据显示，截至2010年，中国广播电视综合覆盖率已经超过96.95%。电视是传递消防知识、开展消防宣传教育的有效手段。

（1）消防新闻

是电视消防宣传的常见形式，防火灭火、抢险救援、消防监督、产品检查、消防演练等时效性强的事件大多通过这种形式进行宣传。群众可以通过新闻联播等节目收看。

（2）消防专题

多用于报道突发或者具有重要社会影响的消防事件，通过深入挖掘，全方位解读，并跟踪报道，具有延续性。群众可以在中央电视台《生活》栏目及当地电视台设立的消防宣传专栏节目中收看。

（3）消防专栏

是指在固定频道、固定时间，具有固定时长，专门宣传消防信息的节目形式，对消防救援事件、人物等进行综合报道，也可以宣传消防法规，传播消防知识，还可以曝光火灾隐患。乡镇、村居民委员会可以有意识地引导、组织村民定期收看，学习消防知识，掌握消防技能。

（4）消防通告

就是通过电视，告知群众有关防火检查、火灾隐患排查整治等有关内容的通知通告。每逢节假日、农忙时节、火灾多发期或重大活动期间，地方政府或公安机关消防机构大多会通过电视等媒体发布通告，提醒群众注意消防安全。

（5）消防公益广告

一般是通过图片、文字或者电视、电影短片等形式宣传消防知识，普及消防法律法规。有的地方结合电影下乡工程，在电影开始前插播消防公益广告，有的在电视台播放公益广告，提醒群众注意消防安全。

三是互联网。互联网在我国农村的发展非常迅速。有关资料显示，截至2009年，中国农村网民规模已达10681万。中组部2003年启动了"农村党员干部现代远程教育工程"，初步建成了覆盖全国主要农村地区的党员干部现代远程教育卫星数字专用网络。教育部启动了"农村中小学现代远程教育工程"，覆盖18.7万所农村小学、3.5万所农村中学。文化部2002年启动"全国文化信息资源共享工程"，将优质文化信息资源传送到基层，并与农村党员干部现代远程教育工程、农村中小学现代远程教育工程合作建设基层服务点20多万个，初步搭建了覆盖全国农村的服务网络。

我国利用互联网传播消防知识起步比较早，发展也比较快。1996年底，中国消防协会学术教育委员会和公安部上海消防研究所就联合开办了中国第一个消防网站——中国消防网，向社会传播消防知识。截至2006年底，全国省、市级和部分县级公安机关消防机构都建立了专门的消防网站。一些地方的公安机关消防机构在农村党员干部现代远程教育网上开设了"消防频道"，专门制作了适合农村消防工作特点的消防宣传资料，农民可以通过网络下载、观看、学习。有些地方还设立网上消防知识大讲堂，村民委员会可以组织村民集体观看、学习。

四是移动电话。据工信部2010年公布的数据，我国移动电话用户达到7.47亿户。移动通信网络在农村乡镇覆盖率达到了98.9%，在行政村的覆盖率达到了93.6%，人口覆盖率达到了97%。特别是随着科学技术的发展，手机功能迅速拓展，发送、接收短信，传送图片，接收影视节目，还可以上网，给用户带来了更多的便利，也为消防宣传教育搭建了一个新的传播平台。目前我国电信、移动、网通、联通、铁通、卫通六大基础电信运营商，都分别有自己的用户群。许多地方的公安机关消防机构与运营商签订协议，通过定期发送短信等形式，宣传消防知识以及具有提示性、警示性的消防信息。在火灾多发季节、重大节日期间和农忙时节，向用户发出火灾预警通知和防火措施，提醒群众采取相应对策，预防火灾发生。

【阅读链接】 移动公司有一种"手机大喇叭"业务，就是用手机接通农村既有广播系统，通过手机向村民广播，这是中国移动推出的一种名为"农信通"业务的一项功能（见图6-1-1）。"农信通"的核心设备是农村信息机，通过农村信息机与村委会既有的功放广播系统、计算机、电子黑板和移动运营商无线通信设备以及农业信息提供商的信息平台相连，村民与村干部之间、村民与信息提供商之间可以有效互动。许多村庄利用这个平台，传播消防信息。特别是当村庄发生火灾等紧急情况时，在传播警示信息、调集力量处置灾害事故或组织群众疏散时，这个"手机大喇叭"更是具有不可替代的优势，一个电话就可以将火警信息瞬间传递到村庄的每一个角落。

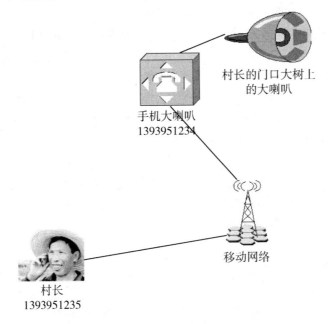

图6-1-1　中国移动公司"手机大喇叭"示意图

五是消防服务热线。一些地方公安机关消防机构专门开设了24小时开通的消防服务热线，既接受群众对火灾隐患和消防违法行为的举报投诉，在线受理消防业务，公开办事程序和结果等，又可以为群众提供消防知识咨询服务，取得了很好的社会效果。

（二）利用农村文化阵地开展消防宣传教育

农村文化阵地是建立农村公共文化服务体系的重要基础，也是开展文化活动的必要条件。农村文化阵地主要有宣传阵地，如宣传窗、黑板报、阅报栏、有线电视、广播；文教阵地，如基层党校、农民学校、党员活动室、图书阅览室；体育阵地，如老年活动室、乒乓球室、篮球场等。各乡镇人民政府及村民委员会，可以结合科技、文化、卫生"三下乡"活动，开展"消防安全下乡"活动，借助农村文化阵地，把消防知识纳入其中，通过在宣传阵地开设消防宣传专栏、在文教阵地开设消防学校、在体育阵地开展疏散逃生演练等形式多样、内容丰富的消防宣传活动，不断拓展消防知识的覆盖面和影响力。一些地方还配置了消防流动宣传车，定期走乡串户进行消防宣传，各乡镇人民政府和村民委员会可以借助这一方式，组织村民主动接受消防教育，学习消防知识。

（三）利用民俗文化推进消防宣传教育

我国56个民族中蕴涵着丰富的民俗文化资源，是一座取之不尽、用之不竭的宝库。实践证明，利用民俗文化开展消防宣传形式新颖、效果显著。一方面，民俗文化能促进人们对防火灭火、自救逃生及消防法律法规知识和技能的理解与掌握；另一方面，消防宣传的丰富内容将提升民俗文化的内涵，使民俗文化在传承中获得更广阔的发展空间。

在农村，村寨与乡镇人民政府之间、村寨与村寨之间相隔较远，分布较为松散，仅仅依靠乡镇人民政府很难组织开展经常性的消防宣传教育，日常的消防宣传主要还得靠农民群众的力量。"鸣锣喊寨"、"守寨护寨"作为农村防火的传统方式，更适合于农村消防工作特点。各村民委员会应当对这种民间传统方式给予支持，明确专人在村寨里巡逻，提醒村民们注意防火安全，并可以通过这种方式，宣传消防知识，深化农民群众的消防安全意识。

（四）开展季节性消防宣传

1. 农忙时节的消防宣传

春种、夏收和秋收是农民一年中最为繁忙的时节。但在这个时节，由于大量收割、存放农作物，农民劳动强度大，精神和身体都十分疲劳，往往忽视消防安全，极易引发火灾。因此，做好这个时期的消防安全工作十分重要。农忙时节，要提醒群众在田间、场间和家里配备水桶、水缸及必要的灭火器材，提醒群众不要焚烧农作物秸秆，不要放火烧荒，不要在田间和场院里吸烟。要提醒群众注意收割机械防火，机械进入场间、田间作业时，要佩戴防火帽，配备灭火器。有条件的村，村民委员会应当在农忙季节到来之前，组织群众集中学习相关的防火灭火和逃生知识。

2. 重大节日期间的消防宣传

（1）春节期间的消防宣传。春节是中华民族最重要的传统节日。春节前后，正值冬季火灾多发期。随着天气变冷，用火、用电、用油、用气量大大增多，加上风干物燥，火灾发生率也随之增大。冬季节日集中，庙会、灯会、农村集会等传统民俗文化活动频繁，生产、销售、消费进入旺季，人、财、物流动加快，一旦发生火灾，极易造成重大人员伤亡和财产损失。同时，由于农民消费水平提高和各类庆典活动集中，烟花爆竹的燃放区域广、数量多、时间长，有的群众违规在易燃建筑密集区和易燃易爆场所附近燃放烟花爆竹，对节日期间的消防安全构成了很大威胁。因此，春节期间，乡镇人民政府及村民委员会应当结合春节期间火灾发生的规律和特点，采取多种形式进行消防宣传。要通过张贴消防标语、口号，发放消防宣传材料，划定烟花爆竹禁放区域等方式，提醒人们安全燃放烟花爆竹、安全使用炉火、安全使用家用电器。要教育群众掌握扑救初起火灾和火场自救逃生的基本技能，确保一旦发生火灾能够及时处置、及时逃生。要督促村民抓好对少年儿童的宣传教育，教育儿童不要玩火。

（2）清明节期间的消防宣传。清明节是我国的传统节日之一，也是最重要的祭祀节日。节日期间，群众旅游、郊游、踏青、烧纸烧香祭祀活动集中，加之春季风干物燥，气温逐渐升高，各类不安全因素明显增加，稍有不慎，极易引发火灾事故。清明节期间，当地政府及有关部门要利用电视、广播、报纸等新闻媒体，通过刊登公告、发布禁令、播放公益广告等形式，开展"文明祭扫、平安清明"的宣传，特别是针对大风天和野外用火的消防安全，进行广泛宣传教育。各乡镇、村社要在烈士陵园、公墓、塔陵、寺庙和景区等人员集中烧纸吊唁活动场所张贴消防宣传标语，散发消防传单，教育群众文明祭祀，在祭奠活动中安全使用火源，及时妥善处置险情。

（五）开展对特殊群体的消防宣传

1. 对学龄前儿童的消防宣传

学龄前儿童是指 3~6 周岁的小孩。学龄前儿童的活动欲望强烈，但自我保护意识薄弱，几乎没有逃生自救能力。因此，对学龄前儿童实施学前消防安全教育，要根据其体力、智力特点，以提高消防安全意识、掌握防火和逃生技巧为目的。重点应当学习以下内容：

（1）不要玩弄打火机和火柴，一旦发现，要告诉大人或老师。

（2）不要摆弄家里的电器、煤气、灶具开关等。

（3）燃放烟花爆竹，要在大人的看护下进行，不能单独燃放。

（4）发生火灾时，要立即通知大人或在场的其他成年人并迅速离开火场。

（5）要熟悉幼儿园和家庭里的疏散通道，一旦发生火灾时，要迅速通过疏散通道疏散到室外。

（6）在通过烟气弥漫的火场时，要低头弯腰，快速通过，不要深呼吸，要用湿毛巾捂住口鼻。

（7）一旦身上着火，不要到处乱跑，要就地翻滚，压灭身上的火苗。

（8）要记住火警电话"119"，一旦发现火灾等意外情况，要拨"119"电话求助。

（9）千万不要玩火。

对学龄前儿童的消防宣传教育，主要依靠托儿所、幼儿园统一组织。宣传的形式要注意结合孩子的特点进行。由于学龄前儿童好奇心和模仿力强，对各种游戏活动兴趣浓厚，尤其是对可以感知的、有具体形象的内容，学习效果最为有效。因此，可以根据他们的这些身心特点，将消防知识编写成故事、儿歌、歌曲等，运用听、说、唱的形式，使学龄前儿童从中学习消防知识，增强消防意识。形式要灵活多样，内容不要怕重复，以加深其对消防安全知识的理解，但不要用恐怖的火灾图片吓唬孩子。

【阅读链接】 消防知识儿歌

你拍一，我拍一，火灾发生莫迟疑。

你拍二，我拍二，逃离火场要迅速。

你拍三，我拍三，找准通道快疏散。

你拍四，我拍四，浸湿衣服裹身子。

你拍五，我拍五，切莫贪恋钱和物。

你拍六，我拍六，穿过浓烟要低头。

你拍七，我拍七，浸湿毛巾捂口鼻。

你拍八，我拍八，赶快报警不要怕。

你拍九，我拍九，火警电话"119"。

你拍十，我拍十，消防队救火真及时。

2. 对学龄期儿童的消防宣传教育

学龄期儿童主要是指 6～12 岁的小孩。这个时期的孩子由于身心各方面的发展还很不成熟，知识经验非常缺乏，能力非常有限，在体力和神智等方面都不能完全适应各种复杂情况，一旦面临火灾，自护能力比较弱。因此，加强对学龄期儿童的消防安全教育，对保护其身心健康以及帮助养成安全行为习惯具有重要作用。儿童学习消防知识主要包括以下内容：

（1）火的起源，火的作用，火的危害。

（2）玩火的危害，吸烟的危害。

（3）家里使用的哪些物品是易燃易爆危险品，使用时的注意事项。

（4）点蜡烛、点蚊香、燃放烟花爆竹的危险性和注意事项。

（5）家用电器的火灾危险性及安全使用注意事项。

（6）家用燃气的火灾危险性及安全使用注意事项。

（7）学校防火安全注意事项。

（8）公园、山林、草原防火安全注意事项。

（9）消防安全标志标识的种类、含义和识别的方法。

（10）火场逃生的方法和注意事项。

对学龄期儿童的消防教育，要结合儿童的身心特点，发挥学校和家庭两个方面的作用，采取多种形式，注重教育实效。可以开展消防安全主题教育，如召开消防知识主题班会、举办消防知识竞赛。可以邀请消防官兵担任校外辅导员，定期为学生上消防知识课。在寒假、暑假期间，学校可以举办消防冬令营、夏令营，可以布置一些与消防安全有关的社会实践活动，如组织参观对外开放的消防站、消防博物馆等。可以通过开展渗透教育的方式进行，如在学校课程中开设科学课，介绍防火基本知识，介绍火的危害、火的利用、玩火的危险性等。可以通过上体育课的形式，将防火、逃生知识融入到体育游戏中，让孩子在游戏中学习消防知识。还可以在音乐课和美术课中，演唱消防歌曲，学画消防图画，使孩子增强对消防知识的感性认识。

3. 对老年人的消防宣传教育

老年人是指 65 岁以上的老人。我国的老年人已经达到 1 亿以上，并正以每年 3% 的速度急剧增长。老年人的活动能力较弱，与社会关联度减小，接受新知识的能力下降。部分高龄老人患有轻度老年痴呆症，经常出现煤气打开后忘记关闭、火炉忘记封闭、电源忘记关闭等现象。当老人面临火灾时，其风险比年轻人要大。老年人大多行动不便，遇到火灾等灾害时易受到伤害。据统计，老人因衣服着火致死的占 37%，而 65 岁以下的人同样原因致死的仅占 4%。因此，这一群体应当是我们在开展消防宣传教育时特别关注的重点之一。

老年人应当掌握基本的家庭防火安全、报警求救、自救知识等内容，如遇到火灾怎样扑救初起火灾，怎样向消防队报告火警，怎样躲避烟火的侵袭，怎样逃离火场，身上的衣服起火怎样处理等等。生活不能自理的老年人，其护理人（包括子女和雇用的家政人员等）要根据老年人的生理和心理特点，掌握在遇到火灾等危险情况时怎样救护和自救技能。对老年人进行消防宣传教育，要采取互动的方式，让老人参与，让老人发言提问，注意听取他们的意见。对于 80 岁以上的、有残障的或患有严重疾病的独居老人，要采取个别家访的形式，帮助老人检查用火、用电、用气等的消防安全情况，帮助消除家庭火灾隐患，向老人传授自防自救知识。三是利用消防咨询热线。

三、消防宣传的形式

（一）消防标语和标识

每逢农忙季节和火灾多发季节，各乡镇、村社可以组织在村头巷尾张贴、悬挂消防标语，如"预防为主，防消结合"，"大火蔓延勿逞能，速速撤离叫救援"，"房前屋后勿堆柴草"，"小小秸秆有大用，放火烧荒祸患生"，"燃放烟花爆竹，远离草垛房屋"，"辛辛苦苦几十年，一把火回到解放前"等等。在沼气池等易发生火灾的重点部位要设置"严禁烟火"、"严禁燃放烟花爆竹"等警示性标识，提醒村民注意消防安全（见图6-1-2）。

图 6-1-2　设在村庄里的消防标语

（二）消防漫画

　　漫画除娱乐功能外，还有着更浓郁的审美趣味，受到许多人的欢迎。现在许多地方，把漫画作为一种消防宣传形式，通过夸张但合理、形象的表现形式，向群众传授消防知识，在消防宣传中起到了不小作用。如山东省在全省 8.6 万个村庄，每个村庄粘贴了一幅消防宣传瓷砖漫画壁画，这种壁画形式新颖，时间持久性强，宣传内容几乎涵盖家庭防火灭火和自救逃生的各个方面，受到了群众的喜爱（见图 6-1-3）。

图 6-1-3　粘贴在墙上的消防瓷砖壁画

（三）消防板报

各村庄都建立了村务公开栏。各乡镇要指导村民委员会利用好这个平台，制作消防安全板报，安排专人负责，定期更换内容，利用板报进行农村消防知识宣传。消防板报要围绕农村消防工作中心或针对某一时期、某一方面火灾特点制作。可以是固定的，也可以是流动的，配合消防宣传车，用载有广播或录像设备的流动消防宣传车，到村庄、集贸市场等处进行宣传。

（四）消防文艺演出

以文艺的形式普及消防知识也是一个群众喜闻乐见的好方法。消防文艺宣传的主要形式包括曲艺、诗歌、小品、戏曲、歌曲、故事等。随着社会进步和人们物质文化生活水平的逐步提高，全国许多地方的公安机关消防机构，依靠社会力量，与文艺团体密切合作，结合消防中心工作，举办不同规模的消防文艺宣传活动，取得了很好的社会宣传效果。一些村寨坚持使用传统的"传锣"防火，并用快板、顺口溜、山歌等形式提醒村民时时崩紧"防火弦"。一些省市以民俗文化带动消防宣传，编唱消防快书、消防歌曲，将消防知识编写成现代京剧、地方戏曲、木偶戏等在各地巡回演出。一些地方还专门成立消防艺术团，利用社会文艺力量，常年坚持演出，将消防知识寓教于乐，受到广大农民的欢迎。各村民委员会可以借助这种形式，主动邀请消防文艺团体到村子里演出，使村民在娱乐的同时，接受消防宣传和教育。许多村庄每到冬季农闲时节或重大节日期间，也会组织村民自编自演文艺作品，可以借助这种形式，将消防知识纳入其中进行广泛宣传。

第二节　农村消防安全培训

开展农村消防安全培训的目的主要在于提高农民尤其是农民工的消防安全整体素质，提高他们对消防安全重要性的认识，增强做好消防安全工作的责任感；提醒、督促他们遵守消防法规，增强消防法制观念。同时，通过消防培训，使农民特别是农民工能够熟练掌握消防安全操作规程，掌握防火、灭火和火场逃生自救的技能和方法。

一、农民工消防安全培训

20 世纪 90 年代以来，农村劳动力跨地区就业日趋活跃，数量和比重持续上升。这些人员大量流动到城市和经济较发达地区，主要从事制造业和服务业。据国家统计局报告显示，2009 年度全国农村劳动力从事非农产业（农民工）的人数达到 22978 万人。

很多农民工消防知识比较缺乏。绝大多数农民工未经必要消防安全培训即上岗操作，特别是在电气焊（割）、机械操作、油漆等特殊岗位工作时，往往因违反安全操作规程导致火灾、爆炸等事故的发生。2000年12月25日，河南省洛阳市东都商厦发生特大火灾，造成309人死亡；2010年11月15日，上海静安区一高层居民住宅楼在进行外部装修时发生特大火灾，造成58人死亡……都是由于电焊工无证上岗、违章操作引起的。同时，农民工缺乏灭火和逃生自救的基本常识，一旦发生火灾，不知道如何扑救和逃生，在很多事故中，农民工也成为受害者。因此，加强对农民工的消防培训非常重要。根据农民工的务工特点，对他们进行消防安全教育，应当采取培训教育为主、宣传教育为辅的原则。

（一）培训的形式

根据我国目前的管理体制，对农民工的消防安全培训主要采取以下五种形式：

1. 将消防知识纳入社会力量办学内容

社会力量办学，是通过社会上的各类职业技能学校、中等专业学校等，按行业对技术操作人员的需求开办技术人员培训班，对农民工进行专业培训。如电脑操作、服装裁剪、烹调、旅游服务、电工、机械操作、电气焊（割）等企业需要的专业人员，主要以特种作业人员和技术工人为主。这类教育应纳入有关的消防安全内容，特别是在对电焊、气焊、气割等特殊工种人员进行培训时，必须进行必要的消防安全培训。

2. 将消防知识纳入劳务培训基地培训内容

农村劳动力转移输出相对集中的地方政府及相关部门，应当结合当地的劳务输出情况，建立农民工转移培训基地，使他们在进入劳务市场前就能够接受基本的生产操作技能和消防安全知识的学习，这样有助于当地劳务输出的整体管理，也有利于他们就近接受消防培训教育。

3. 将消防知识纳入农村实用人才培训内容

近年来，中央办公厅和国务院办公厅部署在全国开展培训工程，农业部也部署开展农村实用人才"带头人"培训，着力培养适应社会主义新农村建设要求的乡村实用人才。各级政府尤其是乡镇政府及各村民委员会要借助这个平台，将消防知识纳入其中，同步培育农村消防安全"带头人"。同时，要在农业部设立的农村实用人才培训基地建成消防安全示范村，增强培训效果。

4. 将消防知识纳入行业管理部门培训内容

行业管理部门组织培训，主要是根据上级的要求和管理需要，举办法律法规、行业规范、标准及特种作业人员的培训。这些培训班多是依靠行业协会具体操作组织。在我国目前的管理体制下，这类培训带有一定的强制性，是消防安全培训教育的重要力量。通过培训，能够及时将消防法律法规和行业规范宣贯到企业员工。另外，授课人员大多来自生产一线从事消防安全管理的骨干力量，具有丰富的管理经验和一定的理论知识，授课内容针对性强，授课语言通俗易懂，培训效果好。

5. 将消防知识纳入企业岗位培训内容

企业培训的核心内容是各工种的安全技术操作规程、企业内部的各项管理制度和消防安全的应知应会等。各乡镇企业、村办企业要至少每年组织对员工进行一次消防培训，公众聚集场所要至少每半年对员工进行一次消防培训。同时要定期开展灭火和应急疏散演练，确保每一名员工都具备检查消除火灾隐患、组织扑救初起火灾、组织人员疏散逃生和消防宣传教育培训的"四个能力"。

（二）培训的内容

为了农民工的人身和财产安全，防止火灾事故的发生，农民工除应当掌握燃烧基本知识、防火灭火基本技能、法律规定的消防安全基本权利义务等内容外，还应当区分不同工种，开展针对性培训。

1. 家政人员

要根据不同家庭的特点，进行如下知识内容的培训教育：

（1）家庭中容易引起火灾的因素。

（2）生活用火注意事项。

（3）家用电器防火安全注意事项。

（4）燃气防火安全注意事项。

（5）家庭日常用品中的易燃易爆危险品及使用、存放的注意事项。

（6）扑救初起火灾、火场疏散逃生的基本要求和注意事项。

（7）扶助老年人或婴幼儿安全逃生注意事项。

2. 电、气焊（割）工

农民工从事电、气焊（割）作业的较多，由于电、气焊（割）作业人员违章操作引起的火灾事故也不断发生。按照国家有关规定，电、气焊（割）等重点工种必须经国家相关部门进行专业培训，取得岗位资格证书方能上岗。在对电、气焊（割）作业人员进行培训时，必须将消防知识、技能纳入其中。

（1）电、气焊（割）设备的性能、特点和火灾危险性。

（2）电、气焊（割）的安全操作规程。

（3）电、气焊（割）工法定的消防安全责任和义务。

（4）作业过程中遇到火灾时处置注意事项。

3. 建筑装修工

建筑的内部、外部装修及建筑外墙保温材料施工过程中，由于许多材料是易燃可燃材料，稍有不慎，就有可能引发火灾事故。因此，从事建筑装修的农民工，应当接受以下内容的消防培训：

（1）建筑内部、外部装修、外墙保温工程的火灾危险性。

（2）建筑装修材料的分类。

（3）常见建筑材料的燃烧性能、耐火性能。

（4）不同场所内部装修的防火要求。

（5）装修中电气线路敷设的防火要求。

（6）装修过程中遇到火灾处置注意事项。

4. 公众聚集场所服务人员

农民工有很大一部分在公众聚集场所从事服务工作。他们的消防安全素质如何，对公众聚集场所的消防安全十分重要。公众聚集场所的服务人员应当接受以下消防教育和培训：

（1）消防安全"四个能力"素质教育。

（2）公众聚集场所的火灾危险性。

（3）公众聚集场所的疏散通道、疏散指示标志及其主要作用。

（4）公众聚集场所的灭火设施、器材及使用方法。

（5）营业期间遇到火灾时报警、扑救、逃生等的注意事项。

（三）培训要求

2006 年 10 月，国家安全生产监督管理总局、国家煤矿安全监察局、教育部、劳动和社会保障部、建设部、农业部和中华全国总工会等七个部门联合下发《关于加强农民工安全生产培训工作的意见》（安监总培训〔2006〕228 号），就加强农民工安全生产培训提出明确要求。结合这个通知精神，对农民工的消防安全培训应当注意以下几点：

1. 明确培训内容

农民工消防安全培训的主要内容应当包括消防法律法规，消防安全基本常识，消防安全操作规程，从业人员安全生产的权利和义务，火灾事故安全分析，工作环境及危险因素分析，危险源和火灾隐患辨识，个人防护、避灾、自救方法，火灾现场紧急疏散和应急处置，消防设施的使用和维护等。

2. 确保培训时间

从事高危行业的农民工，首次上岗前必须进行不少于 72 学时的包括消防安全在内的安全生产培训，建筑行业的农民工首次岗前安全生产培训时间不得少于 32 学时，每年接受再培训时间不得少于 26 学时。其他行业的农民工首次岗前安全生产培训时间不得少于 24 学时，每年接受再培训的时间不得少于 8 学时。对初中以下文化程度的农民工，培训前应根据工作需要进行文化课补习。

3. 落实培训载体

具备培训条件的企业，对农民工的消防安全培训以企业为主体进行。不具备培训条件的企业特别是中小型企业，要及时组织农民工到附近有条件的、具备资质的培训机构或职业院校进行培训。各地公安消防机构、安全监管和行业管理部门，要积极为农民工消防培训创造条件，对不具备培训条件的企业，可统一组织进行培训。

4. 丰富培训形式

各企业和培训机构要结合实际，统筹安排，采取集中培训、半工半培、送教上门等形式开展培训。要针对农民工的文化水平和特点，抓好日常消防安全教育，开设农民工消防安全培训宣传栏，编制通俗易懂的文字和音像资料，利用多媒体、电视、漫画等图文并茂的方法进行教育培训。地方人民政府及有关部门要依托农民工工作领导和协调机构，加强组织协调，将农民工消防培训纳入议事日程。具备安全生产培训资质和职业技能培训资质的培训机构，要将农民工特种作业安全技术培训和职业技能培训一并进行，同时考核，分别发证，减轻企业和农民工负担。

二、企业消防安全培训

企业职工特别是乡镇企业、民营企业的从业人员，消防法制观念和消防安全意识比较淡薄，消防知识匮乏，是构成火灾隐患与诱发火灾事故的主要原因。分析近年来发生的重特大火灾事故，多数是由于员工违反安全规定与操作规程等人为因素造成的。加强对企业员工的消防教育培训，提高其消防安全意识和自防自救能力，对预防和减少重特大特别是群死群伤事故具有重要作用。企业内部消防安全培训，主要有三个方面的对象：

（一）主要负责人、消防安全管理人员的消防安全培训

单位的消防安全责任人、消防安全管理人应当依法接受消防安全专门培训，具备与所从事的生产经营活动相适应的消防安全知识和管理能力。

（二）特种作业人员的消防安全培训

企业单位特种作业的范围主要包括电工作业，金属焊接、切割作业和压力容器作业等。特种作业人员在独立上岗前，必须进行与本工种相适应的、专门的消防安全技术理论学习和实际操作训练，并经培训考核合格，取得《特种作业人员消防安全操作证》后方可上岗。单位应当建立特种作业人员消防安全培训档案，做好申报、培训、考核、复审的组织和日常检查工作。

（三）员工消防安全"四个能力"的培训

统计数据表明，60%以上的火灾和96%的群死群伤火灾事故都发生在社会单位。抓住社会单位这一关键环节，推动社会单位落实消防安全主体责任，提升消防安全管理水平，是增强社会防控火灾整体能力、保持火灾形势稳定

的基础性工作。各单位要扎实开展以落实社会单位消防安全主体责任为核心，以提高社会单位"检查消除火灾隐患、组织扑救初起火灾、组织人员疏散逃生、开展消防宣传教育培训"为主要内容的消防安全"四个能力"建设，确保每一名员工都具备消防安全"四个能力"，前移火灾预防关口，不断提高单位防控火灾的整体水平。

三、农村消防工作"带头人"培训

公安部、教育部、民政部、人力资源和社会保障部、住房和城乡建设部、文化部、国家广电总局、国家安全监管总局、国家旅游局等九部门发布的《社会消防安全教育培训规定》，要求定期对社区居民委员会、村民委员会的负责人进行消防培训。中央综治办、公安部、国家发展和改革委员会、民政部、财政部、住房和城乡建设部、农业部等七部门《关于社会主义新农村建设消防工作专项检查情况的通报》（公消〔2010〕259号）中要求重点组织开展负责消防管理的乡镇长、村"两委"负责人消防安全大培训，着力培养农村消防工作"带头人"。分管消防工作的乡镇长及村"两委"负责人要主动接受消防培训，掌握国家有关消防工作的方针、政策和消防法规，掌握消防基础知识，掌握乡镇、农村消防安全管理工作的基本要求，切实承担起农村消防工作"带头人"的职责。

【思考题】
1. 消防宣传的主要内容有哪些？
2. 如何利用农村文化阵地开展消防宣传？
3. 如何利用民俗文化开展消防宣传？
4. 对农民工进行消防培训的内容有哪些？
5. 对建筑装修施工人员的培训内容有哪些？
6. 消防安全"四个能力"建设的主要内容是什么？

附 录

中华人民共和国主席令

第六号

《中华人民共和国消防法》已由中华人民共和国第十一届全国人民代表大会常务委员会第五次会议于 2008 年 10 月 28 日通过，现予公布，自 2009 年 5 月 1 日起施行。

中华人民共和国主席 胡锦涛

2008 年 10 月 28 日

中华人民共和国消防法

(1998 年 4 月 29 日第九届全国人民代表大会常务委员会第二次会议通过
2008 年 10 月 28 日第十一届全国人民代表大会常务委员会第五次会议修订)

目 录

第一章 总 则

第一条 为了预防火灾和减少火灾危害，加强应急救援工作，保护人身、财产安全，维护公共安全，制定本法。

第二条 消防工作贯彻预防为主、防消结合的方针，按照政府统一领导、部门依法监管、单位全面负责、公民积极参与的原则，实行消防安全责任制，建立健全社会化的消防工作网络。

第三条 国务院领导全国的消防工作。地方各级人民政府负责本行政区域内的消防工作。

各级人民政府应当将消防工作纳入国民经济和社会发展计划，保障消防工作与经济社会发展相适应。

第四条 国务院公安部门对全国的消防工作实施监督管理。县级以上地方人民政府公安机关对本行政区域内的消防工作实施监督管理，并由本级人民政府公安机关消防机构负责实施。军事设施的消防工作，由其主管单位监督管理，公安机关消防机构协助；矿井地下部分、核电厂、海上石油天然气设施的消防工作，由其主管单位监督管理。

县级以上人民政府其他有关部门在各自的职责范围内，依照本法和其他相关法律、法规的规定做好消防工作。

法律、行政法规对森林、草原的消防工作另有规定的，从其规定。

第五条 任何单位和个人都有维护消防安全、保护消防设施、预防火灾、报告火警的义务。任何单位和成年人都有参加有组织的灭火工作的义务。

第六条 各级人民政府应当组织开展经常性的消防宣传教育，提高公民的消防安全意识。

机关、团体、企业、事业等单位，应当加强对本单位人员的消防宣传教育。

公安机关及其消防机构应当加强消防法律、法规的宣传，并督促、指导、协助有关单位做好消防宣传教育工作。

教育、人力资源行政主管部门和学校、有关职业培训机构应当将消防知识纳入教育、教学、培训的内容。

新闻、广播、电视等有关单位，应当有针对性地面向社会进行消防宣传教育。

工会、共产主义青年团、妇女联合会等团体应当结合各自工作对象的特点，组织开展消防宣传教育。

村民委员会、居民委员会应当协助人民政府以及公安机关等部门，加强消防宣传教育。

第七条　国家鼓励、支持消防科学研究和技术创新，推广使用先进的消防和应急救援技术、设备；鼓励、支持社会力量开展消防公益活动。

对在消防工作中有突出贡献的单位和个人，应当按照国家有关规定给予表彰和奖励。

第二章　火灾预防

第八条　地方各级人民政府应当将包括消防安全布局、消防站、消防供水、消防通信、消防车通道、消防装备等内容的消防规划纳入城乡规划，并负责组织实施。

城乡消防安全布局不符合消防安全要求的，应当调整、完善；公共消防设施、消防装备不足或者不适应实际需要的，应当增建、改建、配置或者进行技术改造。

第九条　建设工程的消防设计、施工必须符合国家工程建设消防技术标准。建设、设计、施工、工程监理等单位依法对建设工程的消防设计、施工质量负责。

第十条　按照国家工程建设消防技术标准需要进行消防设计的建设工程，除本法第十一条另有规定的外，建设单位应当自依法取得施工许可之日起七个工作日内，将消防设计文件报公安机关消防机构备案，公安机关消防机构应当进行抽查。

第十一条　国务院公安部门规定的大型的人员密集场所和其他特殊建设工程，建设单位应当将消防设计文件报送公安机关消防机构审核。公安机关消防机构依法对审核的结果负责。

第十二条　依法应当经公安机关消防机构进行消防设计审核的建设工程，未经依法审核或者审核不合格的，负责审批该工程施工许可的部门不得给予施工许可，建设单位、施工单位不得施工；其他建设工程取得施工许可后经依法抽查不合格的，应当停止施工。

第十三条　按照国家工程建设消防技术标准需要进行消防设计的建设工程竣工，依照下列规定进行消防验收、备案：

（一）本法第十一条规定的建设工程，建设单位应当向公安机关消防机构申请消防验收；

（二）其他建设工程，建设单位在验收后应当报公安机关消防机构备案，公安机关消防机构应当进行抽查。

依法应当进行消防验收的建设工程，未经消防验收或者消防验收不合格的，禁止投入使用；其他建设工程经依法抽查不合格的，应当停止使用。

第十四条 建设工程消防设计审核、消防验收、备案和抽查的具体办法，由国务院公安部门规定。

第十五条 公众聚集场所在投入使用、营业前，建设单位或者使用单位应当向场所所在地的县级以上地方人民政府公安机关消防机构申请消防安全检查。

公安机关消防机构应当自受理申请之日起十个工作日内，根据消防技术标准和管理规定，对该场所进行消防安全检查。未经消防安全检查或者经检查不符合消防安全要求的，不得投入使用、营业。

第十六条 机关、团体、企业、事业等单位应当履行下列消防安全职责：

（一）落实消防安全责任制，制定本单位的消防安全制度、消防安全操作规程，制定灭火和应急疏散预案；

（二）按照国家标准、行业标准配置消防设施、器材，设置消防安全标志，并定期组织检验、维修，确保完好有效；

（三）对建筑消防设施每年至少进行一次全面检测，确保完好有效，检测记录应当完整准确，存档备查；

（四）保障疏散通道、安全出口、消防车通道畅通，保证防火防烟分区、防火间距符合消防技术标准；

（五）组织防火检查，及时消除火灾隐患；

（六）组织进行有针对性的消防演练；

（七）法律、法规规定的其他消防安全职责。

单位的主要负责人是本单位的消防安全责任人。

第十七条 县级以上地方人民政府公安机关消防机构应当将发生火灾可能性较大以及发生火灾可能造成重大的人身伤亡或者财产损失的单位，确定为本行政区域内的消防安全重点单位，并由公安机关报本级人民政府备案。

消防安全重点单位除应当履行本法第十六条规定的职责外，还应当履行下列消防安全职责：

（一）确定消防安全管理人，组织实施本单位的消防安全管理工作；

（二）建立消防档案，确定消防安全重点部位，设置防火标志，实行严格管理；

（三）实行每日防火巡查，并建立巡查记录；

（四）对职工进行岗前消防安全培训，定期组织消防安全培训和消防演练。

第十八条 同一建筑物由两个以上单位管理或者使用的，应当明确各方的消防安全责任，并确定责任人对共用的疏散通道、安全出口、建筑消防设施和消防车通道进行统一管理。

住宅区的物业服务企业应当对管理区域内的共用消防设施进行维护管理，提供消防安全防范服务。

第十九条 生产、储存、经营易燃易爆危险品的场所不得与居住场所设置在同一建筑物内，并应当与居住场所保持安全距离。

生产、储存、经营其他物品的场所与居住场所设置在同一建筑物内的，应当符合国家工程建设消防技术标准。

第二十条 举办大型群众性活动，承办人应当依法向公安机关申请安全许可，制定灭火和应急疏散预案并组织演练，明确消防安全责任分工，确定消防安全管理人员，保持消防设施和消防器材配置齐全、完好有效，保证疏散通道、安全出口、疏散指示标志、应急照明和消防车通道符合消防技术标准和管理规定。

第二十一条 禁止在具有火灾、爆炸危险的场所吸烟、使用明火。因施工等特殊情况需要使用明火作业的，应当按照规定事先办理审批手续，采取相应的消防安全措施；作业人员应当遵守消防安全规定。

进行电焊、气焊等具有火灾危险作业的人员和自动消防系统的操作人员，必须持证上岗，并遵守消防安全操作规程。

第二十二条 生产、储存、装卸易燃易爆危险品的工厂、仓库和专用车站、码头的设置，应当符合消防技术标准。易燃易爆气体和液体的充装站、供应站、调压站，应当设置在符合消防安全要求的位置，并符合防火防爆要求。

已经设置的生产、储存、装卸易燃易爆危险品的工厂、仓库和专用车站、码头，易燃易爆气体和液体的充装站、供应站、调压站，不再符合前款规定的，地方人民政府应当组织、协调有关部门、单位限期解决，消除安全隐患。

第二十三条 生产、储存、运输、销售、使用、销毁易燃易爆危险品，必须执行消防技术标准和管理规定。

进入生产、储存易燃易爆危险品的场所，必须执行消防安全规定。禁止非法携带易燃易爆危险品进入公共场所或者乘坐公共交通工具。

储存可燃物资仓库的管理，必须执行消防技术标准和管理规定。

第二十四条 消防产品必须符合国家标准；没有国家标准的，必须符合行业标准。禁止生产、销售或者使用不合格的消防产品以及国家明令淘汰的消防产品。

依法实行强制性产品认证的消防产品，由具有法定资质的认证机构按照国家标准、行业标准的强制性要求认证合格后，方可生产、销售、使用。实行强制性产品认证的消防产品目录，由国务院产品质量监督部门会同国务院公安部门制定并公布。

新研制的尚未制定国家标准、行业标准的消防产品，应当按照国务院产品质量监督部门会同国务院公安部门规定的办法，经技术鉴定符合消防安全要求的，方可生产、销售、使用。

依照本条规定经强制性产品认证合格或者技术鉴定合格的消防产品，国务院公安部门消防机构应当予以公布。

第二十五条 产品质量监督部门、工商行政管理部门、公安机关消防机构应当按照各自职责加强对消防产品质量的监督检查。

第二十六条 建筑构件、建筑材料和室内装修、装饰材料的防火性能必须符合国家标准；没有国家标准的，必须符合行业标准。

人员密集场所室内装修、装饰，应当按照消防技术标准的要求，使用不燃、难燃材料。

第二十七条 电器产品、燃气用具的产品标准，应当符合消防安全的要求。

电器产品、燃气用具的安装、使用及其线路、管路的设计、敷设、维护保养、检测，必须符合消防技术标准和管理规定。

第二十八条 任何单位、个人不得损坏、挪用或者擅自拆除、停用消防设施、器材，不得埋压、圈占、遮挡消火栓或者占用防火间距，不得占用、堵塞、封闭疏散通道、安全出口、消防车通道。人员密集场所的门窗不得设置影响逃生和灭火救援的障碍物。

第二十九条 负责公共消防设施维护管理的单位，应当保持消防供水、消防通信、消防车通道等公共消防设施的完好有效。在修建道路以及停电、停水、截断通信线路时有可能影响消防队灭火救援的，有关单位必须事先通知当地公安机关消防机构。

第三十条 地方各级人民政府应当加强对农村消防工作的领导，采取措施加强公共消防设施建设，组织建立和督促落实消防安全责任制。

第三十一条 在农业收获季节、森林和草原防火期间、重大节假日期间以及火灾多发季节，地方各级人民政府应当组织开展有针对性的消防宣传教育，采取防火措施，进行消防安全检查。

第三十二条 乡镇人民政府、城市街道办事处应当指导、支持和帮助村民委员会、居民委员会开展群众性的消防工作。村民委员会、居民委员会应当确定消防安全管理人，组织制定防火安全公约，进行防火安全检查。

第三十三条 国家鼓励、引导公众聚集场所和生产、储存、运输、销售易燃易爆危险品的企业投保火灾公众责任保险；鼓励保险公司承保火灾公众责任保险。

第三十四条 消防产品质量认证、消防设施检测、消防安全监测等消防技术服务机构和执业人员，应当依法获得相应的资质、资格；依照法律、行政法规、国家标准、行业标准和执业准则，接受委托提供消防技术服务，并对服务质量负责。

第三章　消防组织

第三十五条　各级人民政府应当加强消防组织建设，根据经济社会发展的需要，建立多种形式的消防组织，加强消防技术人才培养，增强火灾预防、扑救和应急救援的能力。

第三十六条　县级以上地方人民政府应当按照国家规定建立公安消防队、专职消防队，并按照国家标准配备消防装备，承担火灾扑救工作。

乡镇人民政府应当根据当地经济发展和消防工作的需要，建立专职消防队、志愿消防队，承担火灾扑救工作。

第三十七条　公安消防队、专职消防队按照国家规定承担重大灾害事故和其他以抢救人员生命为主的应急救援工作。

第三十八条　公安消防队、专职消防队应当充分发挥火灾扑救和应急救援专业力量的骨干作用；按照国家规定，组织实施专业技能训练，配备并维护保养装备器材，提高火灾扑救和应急救援的能力。

第三十九条　下列单位应当建立单位专职消防队，承担本单位的火灾扑救工作：

（一）大型核设施单位、大型发电厂、民用机场、主要港口；

（二）生产、储存易燃易爆危险品的大型企业；

（三）储备可燃的重要物资的大型仓库、基地；

（四）第一项、第二项、第三项规定以外的火灾危险性较大、距离公安消防队较远的其他大型企业；

（五）距离公安消防队较远、被列为全国重点文物保护单位的古建筑群的管理单位。

第四十条　专职消防队的建立，应当符合国家有关规定，并报当地公安机关消防机构验收。

专职消防队的队员依法享受社会保险和福利待遇。

第四十一条　机关、团体、企业、事业等单位以及村民委员会、居民委员会根据需要，建立志愿消防队等多种形式的消防组织，开展群众性自防自救工作。

第四十二条　公安机关消防机构应当对专职消防队、志愿消防队等消防组织进行业务指导；根据扑救火灾的需要，可以调动指挥专职消防队参加火灾扑救工作。

第四章　灭火救援

第四十三条　县级以上地方人民政府应当组织有关部门针对本行政区域内的火灾特点制定应急预案，建立应急反应和处置机制，为火灾扑救和应急救援工作提供人员、装备等保障。

第四十四条　任何人发现火灾都应当立即报警。任何单位、个人都应当无偿为报警提供便利，不得阻拦报警。严禁谎报火警。

人员密集场所发生火灾，该场所的现场工作人员应当立即组织、引导在场人员疏散。

任何单位发生火灾，必须立即组织力量扑救。邻近单位应当给予支援。

消防队接到火警，必须立即赶赴火灾现场，救助遇险人员，排除险情，扑灭火灾。

第四十五条　公安机关消防机构统一组织和指挥火灾现场扑救，应当优先保障遇险人员的生命安全。

火灾现场总指挥根据扑救火灾的需要，有权决定下列事项：

（一）使用各种水源；

（二）截断电力、可燃气体和可燃液体的输送，限制用火用电；

（三）划定警戒区，实行局部交通管制；

（四）利用临近建筑物和有关设施；

（五）为了抢救人员和重要物资，防止火势蔓延，拆除或者破损毗邻火灾现场的建筑物、构筑物或者设施等；

（六）调动供水、供电、供气、通信、医疗救护、交通运输、环境保护等有关单位协助灭火救援。

根据扑救火灾的紧急需要，有关地方人民政府应当组织人员、调集所需物资支援灭火。

第四十六条　公安消防队、专职消防队参加火灾以外的其他重大灾害事故的应急救援工作，由县级以上人民政府统一领导。

第四十七条　消防车、消防艇前往执行火灾扑救或者应急救援任务，在确保安全的前提下，不受行驶速度、行驶路线、行驶方向和指挥信号的限制，其他车辆、船舶以及行人应当让行，不得穿插超越；收费公路、桥梁免收车辆通行费。交通管理指挥人员应当保证消防车、消防艇迅速通行。

赶赴火灾现场或者应急救援现场的消防人员和调集的消防装备、物资，需要铁路、水路或者航空运输的，有关单位应当优先运输。

第四十八条　消防车、消防艇以及消防器材、装备和设施，不得用于与消防和应急救援工作无关的事项。

第四十九条　公安消防队、专职消防队扑救火灾、应急救援，不得收取任何费用。

单位专职消防队、志愿消防队参加扑救外单位火灾所损耗的燃料、灭火剂和器材、装备等，由火灾发生地的人民政府给予补偿。

第五十条　对因参加扑救火灾或者应急救援受伤、致残或者死亡的人员，按照国家有关规定给予医疗、抚恤。

第五十一条　公安机关消防机构有权根据需要封闭火灾现场，负责调查火灾原因，统计火灾损失。

火灾扑灭后，发生火灾的单位和相关人员应当按照公安机关消防机构的要求保护现场，接受事故调查，如实提供与火灾有关的情况。

公安机关消防机构根据火灾现场勘验、调查情况和有关的检验、鉴定意见，及时制作火灾事故认定书，作为处理火灾事故的证据。

第五章　监督检查

第五十二条　地方各级人民政府应当落实消防工作责任制，对本级人民政府有关部门履行消防安全职责的情况进行监督检查。

县级以上地方人民政府有关部门应当根据本系统的特点，有针对性地开展消防安全检查，及时督促整改火灾隐患。

第五十三条　公安机关消防机构应当对机关、团体、企业、事业等单位遵守消防法律、法规的情况依法进行监督检查。公安派出所可以负责日常消防监督检查、开展消防宣传教育，具体办法由国务院公安部门规定。

公安机关消防机构、公安派出所的工作人员进行消防监督检查，应当出示证件。

第五十四条　公安机关消防机构在消防监督检查中发现火灾隐患的，应当通知有关单位或者个人立即采取措施消除隐患；不及时消除隐患可能严重威胁公共安全的，公安机关消防机构应当依照规定对危险部位或者场所采取临时查封措施。

第五十五条　公安机关消防机构在消防监督检查中发现城乡消防安全布局、公共消防设施不符合消防安全要求，或者发现本地区存在影响公共安全的重大火灾隐患的，应当由公安机关书面报告本级人民政府。

接到报告的人民政府应当及时核实情况，组织或者责成有关部门、单位采取措施，予以整改。

第五十六条 公安机关消防机构及其工作人员应当按照法定的职权和程序进行消防设计审核、消防验收和消防安全检查，做到公正、严格、文明、高效。

公安机关消防机构及其工作人员进行消防设计审核、消防验收和消防安全检查等，不得收取费用，不得利用消防设计审核、消防验收和消防安全检查谋取利益。公安机关消防机构及其工作人员不得利用职务为用户、建设单位指定或者变相指定消防产品的品牌、销售单位或者消防技术服务机构、消防设施施工单位。

第五十七条 公安机关消防机构及其工作人员执行职务，应当自觉接受社会和公民的监督。

任何单位和个人都有权对公安机关消防机构及其工作人员在执法中的违法行为进行检举、控告。收到检举、控告的机关，应当按照职责及时查处。

第六章 法律责任

第五十八条 违反本法规定，有下列行为之一的，责令停止施工、停止使用或者停产停业，并处三万元以上三十万元以下罚款：

（一）依法应当经公安机关消防机构进行消防设计审核的建设工程，未经依法审核或者审核不合格，擅自施工的；

（二）消防设计经公安机关消防机构依法抽查不合格，不停止施工的；

（三）依法应当进行消防验收的建设工程，未经消防验收或者消防验收不合格，擅自投入使用的；

（四）建设工程投入使用后经公安机关消防机构依法抽查不合格，不停止使用的；

（五）公众聚集场所未经消防安全检查或者经检查不符合消防安全要求，擅自投入使用、营业的。

建设单位未依照本法规定将消防设计文件报公安机关消防机构备案，或者在竣工后未依照本法规定报公安机关消防机构备案的，责令限期改正，处五千元以下罚款。

第五十九条 违反本法规定，有下列行为之一的，责令改正或者停止施工，并处一万元以上十万元以下罚款：

（一）建设单位要求建筑设计单位或者建筑施工企业降低消防技术标准设计、施工的；

（二）建筑设计单位不按照消防技术标准强制性要求进行消防设计的；

（三）建筑施工企业不按照消防设计文件和消防技术标准施工，降低消防施工质量的；

（四）工程监理单位与建设单位或者建筑施工企业串通，弄虚作假，降低消防施工质量的。

第六十条　单位违反本法规定，有下列行为之一的，责令改正，处五千元以上五万元以下罚款：

（一）消防设施、器材或者消防安全标志的配置、设置不符合国家标准、行业标准，或者未保持完好有效的；

（二）损坏、挪用或者擅自拆除、停用消防设施、器材的；

（三）占用、堵塞、封闭疏散通道、安全出口或者有其他妨碍安全疏散行为的；

（四）埋压、圈占、遮挡消火栓或者占用防火间距的；

（五）占用、堵塞、封闭消防车通道，妨碍消防车通行的；

（六）人员密集场所在门窗上设置影响逃生和灭火救援的障碍物的；

（七）对火灾隐患经公安机关消防机构通知后不及时采取措施消除的。

个人有前款第二项、第三项、第四项、第五项行为之一的，处警告或者五百元以下罚款。

有本条第一款第三项、第四项、第五项、第六项行为，经责令改正拒不改正的，强制执行，所需费用由违法行为人承担。

第六十一条　生产、储存、经营易燃易爆危险品的场所与居住场所设置在同一建筑物内，或者未与居住场所保持安全距离的，责令停产停业，并处五千元以上五万元以下罚款。

生产、储存、经营其他物品的场所与居住场所设置在同一建筑物内，不符合消防技术标准的，依照前款规定处罚。

第六十二条　有下列行为之一的，依照《中华人民共和国治安管理处罚法》的规定处罚：

（一）违反有关消防技术标准和管理规定生产、储存、运输、销售、使用、销毁易燃易爆危险品的；

（二）非法携带易燃易爆危险品进入公共场所或者乘坐公共交通工具的；

（三）谎报火警的；

（四）阻碍消防车、消防艇执行任务的；

（五）阻碍公安机关消防机构的工作人员依法执行职务的。

第六十三条　违反本法规定，有下列行为之一的，处警告或者五百元以下罚款；情节严重的，处五日以下拘留：

（一）违反消防安全规定进入生产、储存易燃易爆危险品场所的；

（二）违反规定使用明火作业或者在具有火灾、爆炸危险的场所吸烟、使用明火的。

第六十四条 违反本法规定，有下列行为之一，尚不构成犯罪的，处十日以上十五日以下拘留，可以并处五百元以下罚款；情节较轻的，处警告或者五百元以下罚款：

（一）指使或者强令他人违反消防安全规定，冒险作业的；

（二）过失引起火灾的；

（三）在火灾发生后阻拦报警，或者负有报告职责的人员不及时报警的；

（四）扰乱火灾现场秩序，或者拒不执行火灾现场指挥员指挥，影响灭火救援的；

（五）故意破坏或者伪造火灾现场的；

（六）擅自拆封或者使用被公安机关消防机构查封的场所、部位的。

第六十五条 违反本法规定，生产、销售不合格的消防产品或者国家明令淘汰的消防产品的，由产品质量监督部门或者工商行政管理部门依照《中华人民共和国产品质量法》的规定从重处罚。

人员密集场所使用不合格的消防产品或者国家明令淘汰的消防产品的，责令限期改正；逾期不改正的，处五千元以上五万元以下罚款，并对其直接负责的主管人员和其他直接责任人员处五百元以上二千元以下罚款；情节严重的，责令停产停业。

公安机关消防机构对于本条第二款规定的情形，除依法对使用者予以处罚外，应当将发现不合格的消防产品和国家明令淘汰的消防产品的情况通报产品质量监督部门、工商行政管理部门。产品质量监督部门、工商行政管理部门应当对生产者、销售者依法及时查处。

第六十六条 电器产品、燃气用具的安装、使用及其线路、管路的设计、敷设、维护保养、检测不符合消防技术标准和管理规定的，责令限期改正；逾期不改正的，责令停止使用，可以并处一千元以上五千元以下罚款。

第六十七条 机关、团体、企业、事业等单位违反本法第十六条、第十七条、第十八条、第二十一条第二款规定的，责令限期改正；逾期不改正的，对其直接负责的主管人员和其他直接责任人员依法给予处分或者给予警告处罚。

第六十八条 人员密集场所发生火灾，该场所的现场工作人员不履行组织、引导在场人员疏散的义务，情节严重，尚不构成犯罪的，处五日以上十日以下拘留。

第六十九条 消防产品质量认证、消防设施检测等消防技术服务机构出具虚假文件的，责令改正，处五万元以上十万元以下罚款，并对直接负责的主管人员和其他直接责任人员处一万元以上五万元以下罚款；有违法所得的，并处没收违法所得；给他人造成损失的，依法承担赔偿责任；情节严重的，由原许可机关依法责令停止执业或者吊销相应资质、资格。

前款规定的机构出具失实文件，给他人造成损失的，依法承担赔偿责任；造成重大损失的，由原许可机关依法责令停止执业或者吊销相应资质、资格。

第七十条　本法规定的行政处罚，除本法另有规定的外，由公安机关消防机构决定；其中拘留处罚由县级以上公安机关依照《中华人民共和国治安管理处罚法》的有关规定决定。

公安机关消防机构需要传唤消防安全违法行为人的，依照《中华人民共和国治安管理处罚法》的有关规定执行。

被责令停止施工、停止使用、停产停业的，应当在整改后向公安机关消防机构报告，经公安机关消防机构检查合格，方可恢复施工、使用、生产、经营。

当事人逾期不执行停产停业、停止使用、停止施工决定的，由作出决定的公安机关消防机构强制执行。

责令停产停业，对经济和社会生活影响较大的，由公安机关消防机构提出意见，并由公安机关报请本级人民政府依法决定。本级人民政府组织公安机关等部门实施。

第七十一条　公安机关消防机构的工作人员滥用职权、玩忽职守、徇私舞弊，有下列行为之一，尚不构成犯罪的，依法给予处分：

（一）对不符合消防安全要求的消防设计文件、建设工程、场所准予审核合格、消防验收合格、消防安全检查合格的；

（二）无故拖延消防设计审核、消防验收、消防安全检查，不在法定期限内履行职责的；

（三）发现火灾隐患不及时通知有关单位或者个人整改的；

（四）利用职务为用户、建设单位指定或者变相指定消防产品的品牌、销售单位或者消防技术服务机构、消防设施施工单位的；

（五）将消防车、消防艇以及消防器材、装备和设施用于与消防和应急救援无关的事项的；

（六）其他滥用职权、玩忽职守、徇私舞弊的行为。

建设、产品质量监督、工商行政管理等其他有关行政主管部门的工作人员在消防工作中滥用职权、玩忽职守、徇私舞弊，尚不构成犯罪的，依法给予处分。

第七十二条　违反本法规定，构成犯罪的，依法追究刑事责任。

第七章　附　则

第七十三条　本法下列用语的含义：

（一）消防设施，是指火灾自动报警系统、自动灭火系统、消火栓系统、防烟排烟系统以及应急广播和应急照明、安全疏散设施等。

（二）消防产品，是指专门用于火灾预防、灭火救援和火灾防护、避难、逃生的产品。

（三）公众聚集场所，是指宾馆、饭店、商场、集贸市场、客运车站候车室、客运码头候船厅、民用机场航站楼、体育场馆、会堂以及公共娱乐场所等。

（四）人员密集场所，是指公众聚集场所，医院的门诊楼、病房楼，学校的教学楼、图书馆、食堂和集体宿舍，养老院，福利院，托儿所，幼儿园，公共图书馆的阅览室，公共展览馆、博物馆的展示厅，劳动密集型企业的生产加工车间和员工集体宿舍，旅游、宗教活动场所等。

第七十四条 本法自 2009 年 5 月 1 日起施行。

UDC

P

中华人民共和国国家标准

GB

GB50039—2010

农村防火规范

Code for fire protection and prevention of rural area

2010 – 08 – 18 发布　　　　2010 – 06 – 01 实施

中 华 人 民 共 和 国 住 房 和 城 乡 建 设 部
国 家 质 量 监 督 检 验 检 疫 总 局　　联合发布

前　言

根据原建设部《关于印发"二〇〇五年工程建设国家标准制定、修订计划（第一批）"的通知》（建标［2005］84 号）的要求，由山西省公安消防总队会同中国建筑设计研究院、公安部天津消防研究所、太原理工大学建筑设计研究院、贵州省公安消防总队、江苏省公安消防总队、黑龙江省公安消防总队等单位对国家标准《村镇建筑设计防火规范》GBJ 39－90 进行了全面修订。

在本规范的修订编制过程中，规范编制组依据国家有关法律、法规、技术规范和标准，总结了我国农村防火工作经验、消防科学技术研究成果和农村火灾事故教训，结合农村消防工作实际和经济发展现状，对农村消防规划、建筑耐火等级、火灾危险源控制、消防设施、合用场所消防安全技术要求、消防常识宣传教育的主要内容等做出了规定，与原规范的章节结构和具体内容相比都有了非常大的变化，是指导农村防火的综合性技术规范，故将规范的名称改为《农村防火规范》。在此基础上广泛征求了有关科研、设计、生产、消防监督、高等院校等部门和单位的意见，最后经有关部门和专家共同审查定稿。

本规范共分 6 章和 2 个附录，其主要内容为：总则、术语、规划布局、建筑物、消防设施、火灾危险源控制等。

本规范中以黑体字标志的条文为强制性条文，必须严格执行。

本规范由住房和城乡建设部负责管理和对强制性条文的解释，公安部负责日常管理，山西省公安消防总队负责具体技术内容的解释。请各单位在执行本规范过程中，认真总结经验、注意积累资料，并随时将有关意见和建议寄山西省公安消防总队（地址：山西省太原市桃园南路 59 号，邮编 030001），以便今后修订时参考。

本规范主编单位、参编单位和主要起草人、主要审查人：

主编单位：山西省公安消防总队

参编单位：中国建筑设计研究院

公安部天津消防研究所

太原理工大学建筑设计研究院

贵州省公安消防总队

江苏省公安消防总队

黑龙江省公安消防总队

主要起草人：李济成　马　恒　李彦军　张耀泽　沈　纹　郭益民
　　　　　　朱耀武　倪照鹏　朱　江　武丽珍　李立志　高　昇
　　　　　　李锦成　冯婧钰　王　宁　朱培仁　阚　强　任世英
　　　　　　徐　彤
主要审查人：李引擎　赵永代　高建民　申立新　罗　翔　董新民
　　　　　　王晓艳　汤　杰　郭国旗　鲁性旭　何蜀伟　费卫东
　　　　　　张静岩

目　次

1 总　则

1.0.1 为了预防农村火灾的发生，减少火灾危害，保护人身和财产安全，制定本规范。

1.0.2 本规范适用于下列范围：

1 农村消防规划；

2 农村新建、扩建和改建建筑的防火设计；

3 农村既有建筑的防火改造；

4 农村消防安全管理。

除本规范规定外，农村的厂房、仓库、公共建筑和建筑高度超过15m的居住建筑的防火设计应执行现行国家标准《建筑设计防火规范》GB50016等的规定。

1.0.3 农村的消防规划、建筑防火设计、既有建筑的防火改造和消防安全管理，应结合当地经济发展状况、民族习俗、村庄规模、地理环境、建筑性质等，采取相应的消防安全措施，做到安全可靠、经济合理、有利生产、方便生活。

1.0.4 **农村的消防规划应根据其区划类别，分别纳入镇总体规划、镇详细规划、乡规划和村庄规划，并应与其他基础设施统一规划、同步实施。**

1.0.5 村民委员会等基层组织应建立相应的消防安全组织，确定消防安全管理人，制定防火安全制度，进行消防安全检查，开展消防宣传教育，落实消防安全责任，配备必要的消防力量和消防器材装备。

1.0.6 农村的消防规划、建筑防火设计、既有建筑的防火改造和消防安全管理，除应符合本规范的规定外，尚应符合国家现行标准的规定。

2 术　语

2.0.1 农村 rural area

县级及县级以上人民政府驻地的城市、镇规划区以外的镇、乡、村庄的统称。

2.0.2 村庄 village

农村居民生活和生产的聚居点。

2.0.3 消防点 firefighting spot

设置在农村的集中放置消防车辆、器材，并配有专职、义务或志愿消防队员的固定场所。

2.0.4　住宿与生产、储存、经营合用场所　the place combined with habitation，production，storage and business

住宿与生产、储存、经营等一种或几种用途混合设置在同一连通空间内的场所，俗称"三合一"。

3　规划布局

3.0.1　农村建筑应根据建筑的使用性质及火灾危险性、周边环境、生活习惯、气候条件、经济发展水平等因素合理布局。

3.0.2　**甲、乙、丙类生产、储存场所应布置在相对独立的安全区域，并应布置在集中居住区全年最小频率风向的上风侧。**

可燃气体和可燃液体的充装站、供应站、调压站和汽车加油加气站等应根据当地的环境条件和风向等因素合理布置，与其他建（构）筑物等的防火间距应符合国家现行有关标准的要求。

3.0.3　生产区内的厂房与仓库宜分开布置。

3.0.4　**甲、乙、丙类生产、储存场所不应布置在学校、幼儿园、托儿所、影剧院、体育馆、医院、养老院、居住区等附近。**

3.0.5　集市、庙会等活动区域应规划布置在不妨碍消防车辆通行的地段，该地段应与火灾危险性大的场所保持足够的防火间距，并应符合消防安全要求。

3.0.6　集贸市场、厂房、仓库以及变压器、变电所（站）之间及与居住建筑的防火间距应符合现行国家标准《建筑设计防火规范》GB50016 等的要求。

3.0.7　居住区和生产区距林区边缘的距离不宜小于 300m，或应采取防止火灾蔓延的其他措施。

3.0.8　柴草、饲料等可燃物堆垛设置应符合下列要求：

1　宜设置在相对独立的安全区域或村庄边缘；

2　较大堆垛宜设置在全年最小频率风向的上风侧；

3　不应设置在电气线路下方；

4　与建筑、变配电站、铁路、道路、架空电力线路等的防火间距宜符合现行国家标准《建筑设计防火规范》GB50016 的要求；

5　村民院落内堆放的少量柴草、饲料等与建筑之间应采取防火隔离措施。

3.0.9 既有的厂（库）房和堆场、储罐等，不满足消防安全要求的，应采取隔离、改造、搬迁或改变使用性质等防火保护措施。

3.0.10 既有的耐火等级低、相互毗连、消防通道狭窄不畅、消防水源不足的建筑群，应采取改善用火和用电条件、提高耐火性能、设置防火分隔、开辟消防通道、增设消防水源等措施。

3.0.11 村庄内的道路宜考虑消防车的通行需要，供消防车通行的道路应符合下列要求：

    1 宜纵横相连、间距不宜大于160m；

    2 车道的净宽、净空高度不宜小于4m；

    3 满足配置车型的转弯半径；

    4 能承受消防车的压力；

    5 尽头式车道满足配置车型回车要求。

3.0.12 村庄之间以及与其他城镇连通的公路应满足消防车通行的要求，并应符合3.0.11条的有关规定。

3.0.13 消防车道应保持畅通，供消防车通行的道路严禁设置隔离桩、栏杆等障碍设施，不得堆放土石、柴草等影响消防车通行的障碍物。

3.0.14 学校、村民集中活动场地（室）、主要路口等场所应设置普及消防安全常识的固定消防宣传点；易燃易爆等重点防火区域应设置防火安全警示标志。消防安全常识宣传教育的主要内容宜采用附录B。

4 建筑物

4.0.1 农村建筑的耐火等级不宜低于一、二级，建筑耐火等级的划分应符合现行国家标准《建筑设计防火规范》GB50016的规定。

4.0.2 三、四级耐火等级建筑之间的相邻外墙宜采用不燃烧实体墙，相连建筑的分户墙应采用不燃烧实体墙。建筑的屋顶宜采用不燃材料，当采用可燃材料时，不燃烧体分户墙应高出屋顶不小于0.5m。

4.0.3 住宿与生产、储存、经营合用场所应符合本规范附录A的相关规定。

4.0.4 一、二级耐火等级建筑之间或与其他耐火等级建筑之间的防火间距不宜小于4m，当符合下列要求时，其防火间距可相应减小：

    1 相邻的两座一、二级耐火等级的建筑，当较高一座建筑的相邻外墙为防火墙且屋顶不设置天窗、屋顶承重构件及屋面板的耐火极限不低于1.00h时，防火间距不限；

    2 相邻的两座一、二级耐火等级的建筑，当较低一座建筑的相邻外墙

为防火墙且屋顶不设置天窗、屋顶承重构件及屋面板的耐火极限不低于 1.00h
时，防火间距不限；

 3 当建筑相邻外墙上的门窗洞口面积之和小于等于该外墙面积的 10%
且不正对开设时，建筑之间的防火间距可减少为 2m；

 4.0.5 三、四级耐火等级建筑之间的防火间距不宜小于 6m。当建筑相
邻外墙为不燃烧体，墙上的门窗洞口面积之和小于等于该外墙面积的 10% 且
不正对开设时，建筑之间的防火间距可为 4m。

 4.0.6 既有建筑密集区的防火间距不满足要求时，应采取下列措施：

 1 耐火等级较高的建筑密集区，占地面积不应超过 5000m^2；当超过
时，应在密集区内设置宽度不小于 6m 的防火隔离带进行防火分隔；

 2 耐火等级较低的建筑密集区，占地面积不应超过 3000m^2；当超过
时，应在密集区内设置宽度不小于 10m 的防火隔离带进行防火分隔。

 4.0.7 存放柴草等材料和农具、农用物资的库房，宜独立建造；与其他
用途房间合建时，应采用不燃烧实体墙隔开。

 4.0.8 建筑物的其他防火要求应符合现行国家标准《建筑设计防火规
范》GB50016 等的相关要求。

5　消防设施

 5.0.1 农村应根据规模、区域条件、经济发展状况及火灾危险性等因素
设置消防站和消防点。

 5.0.2 消防站的建设和装备配备可按有关消防站建设标准执行。

 5.0.3 消防点的设置应满足以下要求：

 1 有固定的地点和房屋建筑，并有明显标识；

 2 配备消防车、手抬机动泵、水枪、水带、灭火器、破拆工具等全部
或部分消防装备；

 3 设置火警电话和值班人员；

 4 有专职、义务或志愿消防队员；

 5 寒冷地区采取保温措施。

 5.0.4 农村应充分利用满足一定灭火要求的农用车、洒水车、灌溉机动
泵等农用设施作为消防装备的补充。

 **5.0.5 农村应设置消防水源。消防水源应由给水管网、天然水源或消防
水池供给。**

 5.0.6 具备给水管网条件的农村，应设室外消防给水系统。消防给水系
统宜与生产、生活给水系统合用，并应满足消防供水的要求。

不具备给水管网条件或室外消防给水系统不符合消防供水要求的农村，应建设消防水池或利用天然水源。

5.0.7 室外消防给水管道和室外消火栓的设置应符合下列要求：

1 当村庄在消防站（点）的保护范围内时，室外消火栓栓口的压力不应低于0.1MPa；当村庄不在消防站（点）保护范围内时，室外消火栓应满足其保护半径内建筑最不利点灭火的压力和流量的要求；

2 消防给水管道的管径不宜小于100mm；

3 消防给水管道的埋设深度应根据气候条件、外部荷载、管材性能等因素确定；

4 室外消火栓间距不宜大于120m；三、四级耐火等级建筑较多的农村，室外消火栓间距不宜大于60m；

5 寒冷地区的室外消火栓应采取防冻措施，或采用地下消火栓、消防水鹤或将室外消火栓设在室内；

6 室外消火栓应沿道路设置，并宜靠近十字路口，与房屋外墙距离不宜小于2m。

5.0.8 江河、湖泊、水塘、水井、水窖等天然水源作为消防水源时，应符合下列要求：

1 能保证枯水期和冬季的消防用水；

2 应防止被可燃液体污染；

3 有取水码头及通向取水码头的消防车道；

4 供消防车取水的天然水源，最低水位时吸水高度不应超过6.0m。

5.0.9 消防水池应符合下列要求：

1 容量不宜小于100m³。建筑耐火等级较低的村庄，消防水池的容量不宜小于200m³；

2 应采取保证消防用水不作它用的技术措施；

3 宜建在地势较高处。供消防车或机动消防泵取水的消防水池应设取水口，且不宜少于2处；水池池底距设计地面的高度不应超过6.0m；

4 保护半径不宜大于150m；

5 设有2个及以上消防水池时，宜分散布置；

6 寒冷和严寒地区的消防水池应采取防冻措施。

5.0.10 缺水地区宜设置雨水收集池等储存消防用水的蓄水设施。

5.0.11 **农村应根据给水管网、消防水池或天然水源等消防水源的形式，配备相应的消防车、机动消防泵、水带、水枪等消防设施。**

5.0.12 机动消防泵应储存不小于3.0h的燃油总用量，每台泵至少应配置总长不小于150m的水带和2支水枪。

5.0.13　农村应设火灾报警电话。农村消防站与城市消防指挥中心、供水、供电、供气等部门应有可靠的通信联络方式。

5.0.14　农村未设消防站（点）时，应根据实际需要配备必要的灭火器、消防斧、消防钩、消防梯、消防安全绳等消防器材。

5.0.15　公共消防设施、消防装备不足或者不适应实际需要的，应当增建、改建、配置或者进行技术改造。

6　火灾危险源控制

6.1　用　火

6.1.1　设置在居住建筑内的厨房宜符合下列规定：

1　靠外墙设置；

2　与建筑内的其他部位采取防火分隔措施；

3　墙面采用不燃材料；

4　顶棚和屋面采用不燃或难燃材料。

6.1.2　用于炊事和采暖的灶台、烟道、烟囱、火炕等应采用不燃材料建造或制作。与可燃物体相邻部位的壁厚不应小于 240mm。

烟囱穿过可燃或难燃屋顶时，排烟口应高出屋面不小于 500mm，并应在顶棚至屋面层范围内采用不燃烧材料砌抹严密。

烟道直接在外墙上开设排烟口时，外墙应为不燃烧体且排烟口应突出外墙至少 250mm。

6.1.3　烟囱穿过可燃保温层、防水层时，在其周围 500mm 范围内应采用不燃材料做隔热层，严禁在闷顶内开设烟囱清扫孔。

6.1.4　多层居住建筑内的浴室、卫生间和厨房的垂直排风管，应采取防回流措施或在支管上设置防火阀。

6.1.5　柴草、饲料等可燃物堆垛较多、耐火等级较低的连片建筑或靠近林区的村庄，其建筑的烟囱上应采取防止火星外逸的有效措施。

6.1.6　燃煤燃柴炉灶周围 1.0m 范围内不应堆放柴草等可燃物。

6.1.7　燃气灶具的设置应符合下列要求：

1　燃气灶具宜安装在有自然通风和自然采光的厨房内，并应与卧室分隔；

2　燃气灶具的灶面边缘和烤箱的侧壁距木质家具的净距离不应小于 0.5m，或采取有效的防火隔热措施；

3　放置燃气灶具的灶台应采用不燃材料或加防火隔热板；

4　无自然通风的厨房，应选用带自动熄灭保护装置的燃气灶具，并应设置可燃气体探测报警器和与其连锁的自动切断阀和机械通风设施；

5 燃气灶具与燃气管道的连接胶管应采用耐油燃气专用胶管，长度不应大于2m，安装应牢固，中间不应有接头，且应定期更换。

6.1.8 既有厨房不满足6.1.1条的规定时，炉灶设置应符合下列要求：

1 与炉灶相邻的墙面应作不燃化处理，或与可燃材料墙壁的距离不小于1.0m；

2 灶台周围1.0m范围内应采用不燃地面或设置厚度不小于120mm的不燃烧材料隔热层；

3 炉灶正上方1.5m范围内不应有可燃物。

6.1.9 火炉、火炕（墙）、烟道应当定期检修、疏通。炉灶与火炕通过烟道相连通时，烟道部分应采用不燃材料。

6.1.10 明火使用完毕后应及时清理余火，余烬与炉灰等宜用水浇灭或处理后倒在安全地带。炉灰宜集中存放于室外相对封闭且避风的地方，应设置不燃材料围挡。

6.1.11 使用蜡烛、油灯、蚊香时，应放置在不燃材料的基座上，距周围可燃物的距离不应小于0.5m。

6.1.12 燃放烟花爆竹、吸烟、动用明火应当远离易燃易爆危险品存放地和柴草、饲草、农作物等可燃物堆放地。

6.1.13 五级及以上大风天气，不得在室外吸烟和动用明火。

6.2 用 电

6.2.1 电气线路的选型与敷设应符合下列要求：

1 导线的选型应与使用场所的环境条件相适应，其耐压等级、安全载流量和机械强度等应满足相关规范要求；

2 **架空电力线路不应跨越易燃易爆危险品仓库、有爆炸危险的场所、可燃液体储罐、可燃、助燃气体储罐和易燃、可燃材料堆场等，与这些场所的间距不应小于电杆高度的1.5倍；1kV及1kV以上的架空电力线路不应跨越可燃屋面的建筑；**-

3 室内电气线路的敷设应避开潮湿部位和炉灶、烟囱等高温部位，并不应直接敷设在可燃物上；当必须敷设在可燃物上或在有可燃物的吊顶内敷设时，应穿金属管、阻燃套管保护或采用阻燃电缆；

4 导线与导线、导线与电气设备的连接应牢固可靠；

5 严禁乱拉乱接电气线路，严禁在电气线路上搭、挂物品。

6.2.2 用电设备的使用应符合下列要求：

1 用电设备不应过载使用；

2 配电箱、电表箱应采用不燃烧材料制作；可能产生电火花的电源开关、断路器等应采取防止火花飞溅的防护措施；

3 严禁使用铜丝、铁丝等代替保险丝，且不得随意增加保险丝的截面积；

4 电热炉、电暖器、电饭锅、电熨斗、电热毯等电热设备使用期间应有人看护，使用后应及时切断电源；停电后应拔掉电源插头，关断通电设备；

5 用电设备使用期间，应留意观察设备温度，超温时应及时采取断电等措施；

6 用电设备长时间不使用时，应采取将插头从电源插座上拔出等断电措施。

6.2.3 照明灯具的使用应符合下列要求：

1 照明灯具表面的高温部位应与可燃物保持安全距离，当靠近可燃物时，应采取隔热、散热等防火保护措施；

2 卤钨灯和额定功率超过100W的白炽灯泡的吸顶灯、槽灯、嵌入式灯，其引入线应采用瓷管、矿棉等不燃材料作隔热保护；

3 卤钨灯、高压钠灯、金属卤灯光源、荧光高压汞灯、超过60W的白炽灯等高温灯具及镇流器不应直接安装在可燃装修材料或可燃构件上。

6.3 用 气

6.3.1 沼气的使用应符合下列要求：

1 沼气池周围宜设围挡设施，并应设明显的标志，顶部应采取防止重物撞击或汽车压行的措施；

2 沼气池盖上的可燃保温材料应采取防火措施，在大型沼气池盖上和储气缸上，应设置泄压装置；

3 沼气池进料口、出料口及池盖与明火散发点的距离不应小于25m；

4 当采用点火方式测试沼气时，应在沼气炉上点火试气，严禁在输气管或沼气池上点火试气；

5 沼气池检修时，应保持通风良好，并严禁在池内使用明火或可能产生火花的器具；

6 水柱压力计"U"型管上端应连接一段开口管并伸至室外高处；

7 沼气输气主管道应采用不燃材料，各连接部位应严密紧固，输气管应定期检查，并应及时排除漏气点。

6.3.2 瓶装液化石油气的使用应符合下列要求：

1 严禁在地下室存放和使用；

2 液化石油气钢瓶不应接近火源、热源，应防止日光直射，与灶具之间的安全距离不应小于0.5m；

3 液化石油气钢瓶不应与化学危险物品混放；

4　严禁使用超量罐装的液化石油气钢瓶，严禁敲打、倒置、碰撞钢瓶，严禁随意倾倒残液和私自灌气；

5　存放和使用液化石油气钢瓶的房间应通风良好。

6.3.3　管道燃气的使用应符合下列要求：

1　燃气管道的设计、敷设应符合国家标准《城镇燃气设计规范》GB50028 的要求，并应由专业人员设计、安装、维护；

2　进入建筑物内的燃气管道应采用镀锌钢管，严禁采用塑料管道，管道上应设置切断阀，穿墙处应加设保护套管；

3　燃气管道不应设在卧室内。燃气计量表具宜安装在通风良好的部位，严禁安装在卧室、浴室等场所；

4　使用燃气场所应通风良好，发生火灾应立即关闭阀门，切断气源。

6.4　用油（可燃液体）

6.4.1　汽油、煤油、柴油、酒精等可燃液体不应存放在居室内，且应远离火源、热源。

6.4.2　使用油类等可燃液体燃料的炉灶、取暖炉等设备必须在熄火降温后充装燃料。

6.4.3　严禁对盛装或盛装过可燃液体且未采取安全置换措施的存储容器进行电焊等明火作业。

6.4.4　使用汽油等有机溶剂清洗作业时，应采取防静电、防撞击等防止产生火花的措施。

6.4.5　严禁使用玻璃瓶、塑料桶等易碎或易产生静电的非金属容器盛装汽油、煤油、酒精等甲、乙类液体。

6.4.6　室内的燃油管道应采用金属管道并设有事故切断阀，严禁采用塑料管道。

6.4.7　含有有机溶剂的化妆品、充有可燃液体的打火机等应远离火源、热源。

6.4.8　销售、使用可燃液体的场所应采取防静电和防止火花发生的措施。

附录 A　住宿与生产、储存、经营合用场所防火要求

A.1　基本规定

A.1.1　住宿与生产、储存、经营合用场所（以下简称"合用场所"）严禁设置在下列建筑内：

　　1　有甲、乙类火灾危险性的生产、储存、经营的建筑；

　　2　建筑耐火等级为三级及三级以下的建筑；

　　3　厂房和仓库；

　　4　建筑面积大于 2500m² 的商场市场等公共建筑；

　　5　地下建筑。

A.1.2　符合下列情形之一的合用场所应采用不开门窗洞口的防火墙和耐火极限不低于 1.50h 的楼板将住宿部分与非住宿部分完全分隔，住宿与非住宿部分应分别设置独立的疏散设施；当难以完全分隔时，不应设置人员住宿：

　　1　合用场所的建筑高度大于 15m；

　　2　合用场所的建筑面积大于 2000m²；

　　3　合用场所住宿人数超过 20 人。

A.1.3　除 A.1.2 条以外的其他合用场所，应执行 A.1.2 条的规定，当有困难时，应符合下列规定：

　　1　住宿与非住宿部分应设置火灾自动报警系统或独立式感烟火灾探测报警器；

　　2　住宿与非住宿部分之间应进行防火分隔；当无法分隔时，合用场所应设置自动喷水灭火系统或自动喷水局部应用系统；

　　3　住宿与非住宿部分应设置独立的疏散设施；当确有困难时，应设置独立的辅助疏散设施。

A.1.4　合用场所的疏散门应采用向疏散方向开启的平开门，并应确保人员在火灾时易于从内部打开。

A.1.5　合用场所使用的疏散楼梯宜通至屋顶平台。

A.1.6　合用场所中应配置灭火器、消防应急照明，并宜配备轻便消防水龙。

A.1.7　层数不超过 2 层、建筑面积不超过 300m²，且住宿少于 5 人的小型合用场所，当执行本标准关于防火分隔措施和自动喷水灭火系统的规定确有困难时，宜设置独立式感烟火灾探测报警器；人员住宿宜设置在首层，并

直通出口。

A.1.8　合用场所内的安全出口和辅助疏散出口的宽度应满足人员安全疏散的需要。

A.2　防火分隔措施

A.2.1　A.1.3条中的防火分隔措施应采用耐火极限不低于2h的不燃烧体墙和耐火极限不低于1.5h的楼板，当墙上确需开门时，应为常闭乙级防火门。

当采用室内封闭楼梯间时，封闭楼梯间的门应采用常闭乙级防火门，且封闭楼梯间首层应直通室外或采用扩大封闭楼梯间直通室外。

A.2.2　住宿内部隔墙应采用不燃烧体，并应砌筑至楼板底部。

A.2.3　两个合用场所之间或者合用场所与其他场所之间应采用不开门窗洞口的防火墙和耐火极限不低于1.5h的楼板进行防火分隔。

A.3　辅助疏散设施

A.3.1　室外金属梯、配备逃生避难设施的阳台和外窗，可作为合用场所的辅助疏散设施。逃生避难设施的设置应符合有关建筑逃生避难设施配置标准。

A.3.2　合用场所的外窗或阳台不应设置金属栅栏，当必须设置时，应能从内部易于开启。

A.3.3　用于辅助疏散的外窗，其窗口高度不宜小于1.0m，宽度不宜小于0.8m，窗台下沿距室内地面高度不应大于1.2m。

A.4　自动灭火和火灾自动报警

A.4.1　合用场所自动喷水灭火系统和自动喷水局部应用系统的设置应符合现行国家标准《自动喷水灭火系统设计规范》GB50084的规定。

A.4.2　合用场所火灾自动报警系统和独立式感烟火灾探测报警器的设置应符合现行国家标准《火灾自动报警系统设计规范》GB50116和《独立式感烟火灾探测报警器》GB20517的规定。

A.4.3　火灾探测报警器应安装在疏散走道、住房、具有火灾危险性的房间、疏散楼梯的顶部。

A.4.4　设置非独立式感烟火灾探测报警器的场所，应设置应急广播扬声器或火灾警报装置。

A.4.5　独立式感烟火灾探测报警器、应急广播扬声器或火灾警报装置的播放声压级应高于背景噪声15db，且应确保住宿部分的人员能收听到火灾警报音响信号。

A.4.6　使用电池供电的独立式感烟火灾探测报警器，必须定期更换电池。

A. 5　其他要求

A. 5. 1　合用场所火源控制应符合本规范的有关要求。

A. 5. 2　灭火器的配置应符合现行国家标准《建筑灭火器配置设计规范》GB50140 的规定。消防应急照明的设置应符合现行国家标准《建筑设计防火规范》GB50016 的规定。

A. 5. 3　合用场所的内部装修材料应符合现行国家标准《建筑内部装修设计防火规范》GB50222 和《建筑内部装修防火施工及验收规范》GB50354 的规定。

A. 5. 4　室外广告牌、遮阳棚等应采用不燃或难燃材料制作，且不应影响房间内的采光、排风、辅助疏散设施的使用、消防车的通行以及灭火救援行动。

A. 5. 5　合用场所集中的地区，当市政消防供水不能满足要求时，应充分利用天然水源或设置室外消防水池，消防水池容量不应小于 200m³。

A. 5. 6　合用场所集中的地区，应建立专、兼职消防队伍，并应配备相应的灭火车辆装备和救援器材。

A. 5. 7　合用场所的消防安全除符合本标准外，尚应符合国家现行有关标准和地方相关规定的要求。

附录 B 消防安全常识

B.1 火灾预防

B.1.1 应教育小孩不要玩火,不要玩弄电器和燃气设备。

B.1.2 不应乱扔烟头和火柴梗,丢弃前应熄灭。

B.1.3 不应躺在床上或沙发上吸烟。

B.1.4 不应在禁放区及楼道、阳台、柴草垛旁等地燃放烟花爆竹。

B.1.5 大风天严禁在室外动用明火。

B.1.6 使用蜡烛、油灯、蚊香时应放置在不燃材料的基座上和不燃材料制作的防护罩内。

B.1.7 电暖气和火炉等产生高温或明火的设备附近不应放置可燃物。

B.1.8 不得乱拉乱接电线,严禁用铜丝、铁丝等代替保险丝,不得随意增加保险丝的截面积。

B.1.9 严禁在电气线路上搭、挂物品。

B.1.10 使用电熨斗、电热炉、电暖器、电饭锅、电热毯等应有人看护,使用后应及时切断电源;停电后应拔掉电源插头,关断通电设备。

B.1.11 用电设备长时间不使用时,应切断电源。

B.1.12 照明灯具与窗帘等可燃物之间应保持安全距离。

B.1.13 燃气炉灶使用时应有人看管,防止溢锅、干锅等引起火灾或爆炸。

B.1.14 严禁超量充装液化气钢瓶,液化气瓶应远离火源、热源,严禁随意倾倒液化气残液。

B.1.15 严禁在地下室存放和使用液化气。

B.1.16 严禁携带易燃易爆危险品乘坐公共交通工具。

B.1.17 发现燃气泄漏,应及时关断气源阀门,打开门窗通风,不应开关电气设备和动用明火。

B.2 初起火灾扑救

B.2.1 发现火灾,必须立即报警并采取措施迅速灭火,火警电话119。

B.2.2 拨打火警电话时,应讲清着火场所的详细地址、起火部位、着火物质、火势大小、是否有人员被困、报警人姓名及电话号码,并派人到路口迎候消防车。

B.2.3 扑救初起火灾,应根据情况及时利用灭火器、消火栓或用盆、桶盛水等方法灭火。

B.2.4　电气设备或电气线路着火，宜先断电，后灭火。

B.2.5　燃气失火，应关闭燃气阀门、切断气源，迅速灭火。

B.2.6　油锅着火，应盖上锅盖，窒息灭火。

B.2.7　身上着火，应就地打滚，压灭火苗。

B.3　逃生自救

B.3.1　疏散走道、楼梯和安全出口应保持畅通。

B.3.2　外窗或阳台不应设置金属栅栏，当必须设置时，不应影响逃生和灭火救援，应能从内部易于开启。

B.3.3　进入宾馆、饭店、商场、医院、歌舞厅等公共场所时，应了解和熟悉疏散路线、安全出口与周围环境。

B.3.4　遇火灾时不应乘坐电梯，应通过疏散楼梯逃生。

B.3.5　受到火灾威胁时，不应留恋财物，可用浸湿的衣物、被褥等披围身体，迅速向安全出口疏散。

B.3.6　穿过浓烟逃生时，宜用湿毛巾捂住口鼻，低姿行走。

B.3.7　逃生线路受阻时，应保持镇静，及时发出求救信号并积极采取自救措施，等待救援。

B.3.8　房间内起火逃生时，应随即关闭房间门。

B.3.9　房间外起火难以逃生时，应立即关闭房间门，用毛巾、被单等织物将门缝等开口部位严密封堵，并在房门上浇水冷却，打开外窗，等待救援。

本规范用词说明

1 为便于在执行本规范条文时区别对待，对要求严格程度不同的用词说明如下：

1）表示很严格，非这样做不可的：

正面词采用"必须"，反面词采用"严禁"；

2）表示严格，在正常情况均应这样做的：

正面词采用"应"，反面词采用"不应"或"不得"；

3）表示允许稍有选择，在条件许可时首先应这样做的：

正面词采用"宜"，反面词采用"不宜"；

4）表示有选择，在一定条件下可以这样做的，采用"可"。

2 条文中指明应按其他有关标准执行的写法为："应符合……的规定"或"应按……执行"。

引用标准名录

《建筑设计防火规范》GB50016

《城镇燃气设计规范》GB50028

《自动喷水灭火系统设计规范》GB50084

《火灾自动报警系统设计规范》GB50116

《建筑灭火器配置设计规范》GB50140

《建筑内部装修设计防火规范》GB50222

《建筑内部装修防火施工及验收规范》GB50354

《独立式感烟火灾探测报警器》GB20517

加强社会主义新农村建设消防工作的指导意见

中央社会治安综合治理委员会办公室 公安部
国家发展和改革委员会 民政部
财政部 建设部 农业部
(2007 年 5 月 27 日)

多年来,在党中央、国务院及地方各级党委、政府领导下,我国农村消防工作有了较大发展,为保障农民群众生命财产安全,促进农村经济社会发展,维护农村社会稳定发挥了重要作用。但是,由于多种原因,我国农村消防安全整体薄弱的状况尚未根本改善,特别是缺乏必要的消防投入,防火安全条件差,消防基础设施建设滞后,火灾扑救力量严重不足,火灾隐患多,抗御火灾事故的能力十分薄弱。据统计,全国95%的乡镇未编制消防规划、没有专业消防力量,90%以上的村庄缺乏消防水源、没有配备基本消防器材设施,近几年农村火灾起数和亡人数均占全国总数的60%以上,上升幅度远远大于城市,一次烧毁几十甚至几百户的重特大火灾时有发生,许多农民因火灾"致贫、返贫",影响了农业经济发展和农村社会稳定。党的十六届五中全会提出了建设社会主义新农村的重大历史任务,《中共中央国务院关于推进社会主义新农村建设的若干意见》(中发〔2006〕1号)、《中共中央国务院关于积极发展现代农业扎实推进社会主义新农村建设的若干意见》 (中发〔2007〕1号)等文件,均明确提出了加强农村消防工作的要求。为了切实加强社会主义新农村建设消防工作,特提出以下指导意见:

(一) 农村消防工作的指导思想、基本原则和工作目标

1. 指导思想。以邓小平理论和"三个代表"重要思想为指导,以科学发展观为统领,深入贯彻党的十六届五中、六中全会精神,坚持"预防为主,防消结合"的方针,努力构建"党委政府统一领导、部门齐抓共管、村民委员会组织管理、村民群众共同防范"的农村消防工作机制,全面加强农村消防工作,为保障社会主义新农村建设,构建和谐社会创造良好的消防安全环境。

2. 基本原则。坚持统筹规划,消防工作与新农村建设整体推进;坚持配套建设,公共消防设施与新农村公共基础设施同步建设;坚持综合治理,夯实农村火灾防控基础;坚持典型引路,积极总结推广经验和做法;坚持因地制宜，从实际出发开展农村消防工作。

3. 工作目标。力争"十一五"期间，实现农村消防工作机制健全，公共消防设施逐步完善，多种形式消防队伍基本建立，农民消防安全意识普遍增强，农村消防安全条件明显改善，农村防控火灾能力明显提高，有效预防和遏制重特大火灾发生的目标。

（二）全面落实农村消防工作责任

4. 加强农村消防工作领导。各地要积极推动地方各级人民政府将农村消防工作纳入社会主义新农村建设，纳入国民经济和社会发展第十一个五年规划，纳入社会治安综合治理体系建设，作为和谐村镇和平安建设的重要内容，建立健全消防工作管理、责任、保障、考评机制，上级政府每年对下级政府农村消防工作开展检查，落实奖惩。要积极推动县、乡镇人民政府建立消防安全工作领导小组，具体抓好消防安全责任制落实，编制和实施乡镇、村庄消防规划，加强多种形式消防队伍和公共消防设施建设，组织开展消防宣传教育培训、消防安全检查及火灾隐患整治等工作。

5. 部门切实履行职责。农村消防工作要充分发挥人力、物力、财力资源的综合利用效率。社会治安综合治理部门要将农村消防安全纳入社会治安综合治理防控体系建设重要内容。发展改革等部门在规划农村基础设施项目时，要统筹考虑农村公共消防设施需要。财政部门要在编制年度财政预算时纳入农村消防工作经费内容。建设部门要在编制村庄规划和人居环境治理的指导性目录时纳入消防安全项目，在实施村庄整治中具体落实公共消防设施建设。农业部门要结合农业生产，做好农忙、秋收和火灾多发季节的防火安全工作，配合有关部门宣传用火、用电、用气安全常识。民政部门要督促基层政权组织做好农村消防管理工作，并做好农村火灾灾后的受灾群众生活安排和损毁民房的恢复重建等工作。公安机关要切实加强对农村消防工作的监管，查处违反消防法律法规行为，督促消除火灾隐患；公安消防部门要加强对乡镇公安派出所消防工作的指导。

6. 村民委员会组织管理。村民委员会要建立消防安全管理组织，健全工作制度，落实专（兼）职消防管理员，具体抓好日常消防工作。要制定消防安全村规民约，实行消防安全联防制度，开展消防安全宣传和消防安全检查、巡查，及时消除火灾隐患，协助有关部门落实农村老弱病残等特殊人群的消防安全监护。要组建专（兼）职、义务（志愿）消防队伍，加强管理和训练，组织火灾扑救。

7. 单位落实消防安全主体责任。驻乡镇和村庄的企业、单位要按照国家消防法律法规，落实消防安全管理责任，加强自身消防安全管理，定期对从业人员开展消防安全教育培训，建立消防组织，做到消防安全自查、火灾隐患自除、消防安全责任自负。

（三）加强农村公共消防设施建设

8. 编制消防规划。各地要在编制和修订乡镇、集镇、村庄、渔港、国有农场等总体规划时，按照国家有关消防法律法规和技术标准，纳入消防安全布局、消防车通道、消防水源、消防通信、消防装备、多种形式消防队伍等内容。已编制、修订完成总体规划，但缺少消防安全内容的，要及时补充。凡没有消防安全内容的总体规划，不得批准。

9. 建设公共消防设施。各地要因地制宜建设公共消防设施，在发展农村公共事业，建设农村公路、人畜饮水、农村电网、农村沼气、信息工程、群众渔港等农村基础设施时，要综合考虑消防安全需要。要加强消防水源、消防车道和消防器材装备建设。对设有自来水管网的，要按标准安装消火栓；对使用天然水源的，要建设消防取水设施；对农村散居住户及缺水地区，要因地制宜，解决消防用水。

10. 发展多种形式消防队伍。各地要采取各种措施，切实加强多种形式消防队伍建设。到 2008 年，人口超过 10 万、年 GDP 超过 5 亿元的建制镇，以及东部地区的全国重点镇，要建成政府专职消防队；到 2009 年，人口 5 万至 10 万、年 GDP 1 亿元至 5 亿元的建制镇，以及中西部和东北地区的全国重点镇，要建成政府专职消防队；到 2010 年，其他建制镇、集镇和乡镇工业区、开发区根据实际需要，要建成政府专（兼）职消防队，村庄、渔港码头要基本建立一支配有消防机动泵和配套消防器材的群众义务消防队、志愿消防队或者治安、消防合一的治安联防消防队。

11. 落实经费保障。各地要按照扩大公共财政覆盖农村范围的要求，将农村消防工作所需经费列入财政预算予以保障，建立和完善农村消防工作经费保障机制。要充分调动社会和企业单位等多方面力量参与新农村消防建设的积极性，制定优惠政策，鼓励捐助农村消防公益事业，多渠道增加投入。

（四）提高农村火灾防控水平

12. 强化消防宣传教育培训。各地及各有关部门要紧密结合农村实际，充分利用报刊、广播、电视、网络、文艺团体等资源，开展突出农村特色、贴近农民生活的消防知识宣传教育，将农村消防宣传纳入创建平安县、平安乡镇、平安单位、文明村镇、评选文明户等工作，培养健康的民俗民风和安全的生产生活方式。要结合文化、科技、卫生"三下乡"活动，在农村地区广泛开展消防法律法规和消防安全知识的宣传教育活动，并将其纳入农村中小学和幼儿园的教学内容，纳入农村劳动力转移培训工程和乡镇企业管理培训的内容，切实提高农民的消防安全意识和消防常识。要在村庄、渔港码头设置固定的消防宣传栏、宣传标语，乡村广播站要经常开展消防安全宣传，尤其是在农业收割季节、捕捞休渔期、春节、元宵节、清明节和乡村民俗活动期间，加强消防宣传工作，提高农民消防安全意识和自防自救能力。

13. 整治火灾隐患。各地要组织对农户电气线路、炉灶进行改造和规范，推广使用沼气，减少致灾因素；对以易燃建筑材料为主体、木结构建筑集中连片的村庄，结合村庄整治和人居环境改造开展治理，提高建筑耐火等级，打通消防通道，拓宽防火间距，消除火灾隐患。要加强村庄、驻乡镇和村庄的企业及单位消防安全检查，大力整治"城中村"、"出租屋"和"三合一"场所的火灾隐患，对危及公共消防安全的易燃易爆单位要限期搬迁。

14. 落实防范措施。各地要加强对农村新建、扩建工业项目的消防安全审批，防止将火灾危险性大的生产企业从城市转移到农村；加强对农民新建房屋的消防监管，防止产生新的火灾隐患；开发、应用适合农村特点和农民消费水平的阻燃、耐火建材，提高建筑耐火等级；针对不同地区自然环境、建筑特点、生活习惯，研制和推广适合农村地区的消防车、消防泵等消防器材装备，提升农村防控火灾水平。

关于社会主义新农村建设消防工作
专项检查情况的通报（节选）

各省、自治区、直辖市综治办，公安厅、局，发展改革委，民政厅、局，财政厅、局，住房和城乡建设厅（建委），农业厅（委、办、局）；新疆生产建设兵团综治办、公安局、发展改革委、民政局、财务局、建设局、农业局：

为认真贯彻落实党中央、国务院关于"加强农村消防工作"的要求，进一步推动新农村建设消防工作，今年5月1日，中央综治办、公安部等7部委联合部署开展了《加强社会主义新农村建设消防工作的指导意见》（公通字〔2007〕34号，以下简称《指导意见》）贯彻情况专项检查。在各地自查的基础上，6月底，中央综治办、公安部等7部委又组成4个检查组，对吉林、广西等8个省、自治区新农村建设消防工作进行了重点抽查。现将有关情况通报如下：

（略）

从总体上看，《指导意见》下发以来，各地全面落实消防工作责任，大力加强农村公共消防设施建设，有效提高了农村火灾防控水平，有力维护了农村消防安全。2007至2009年，全国共发生农村火灾13.7万起，死亡1643人，受伤504人，直接财产损失9.2亿元。与前三年相比，除直接财产损失上升3.7%外，火灾起数、亡人、伤人分别下降25.9%、51.9%和75.6%。但是，我们还要清醒地看到，当前农村消防工作中仍然存在一些比较突出的问题和薄弱环节，重大火灾事故时有发生，影响了农业经济发展和农村社会稳定。一是农村消防安全责任制落实还不到位。各地农村消防工作开展不平衡，有的地方政府重视不够，相关部门履职不到位，经费保障尚未落实。目前，全国仍有5236个乡镇未成立消防安全管理组织，有的虽有组织但工作"空转"，尤其西部经济欠发达地区问题更为突出。二是农村消防基础设施建设依然滞后。城乡消防基础设施建设失衡严重，经济欠发达地区农村尤其薄弱。目前，全国还有8905个建制镇尚未编制消防规划或总体规划中没有消防专篇内容，相当部分乡镇和农村消防供水设施"欠账"较重，有的甚至是空白，还有部分乡镇、村庄没有达到《指导意见》提出的专兼职或志愿消防队伍建设目标，连片易燃村寨地区防火改造工作力度仍需加大。三是经济发达地区乡镇火灾隐患仍然突出。除传统的农村建筑耐火等级低、防火间距不足、电气线路老化等问题外，当前经济发达地区乡镇"三合一"场所、出租屋、小旅店、小作坊以及"农家乐"等场所的消防安全问题比较突出，整治任务十分艰巨。四是消防宣传"进农村"有待深化。当前，多数农民群众消防安全意识淡薄，消防安全常识缺乏，特别是青壮年外出务工较多，留守的老弱病残和妇女儿童自救、互救能力较差，已成为火灾伤亡的主要群体。

全面加强农村消防工作，是建设社会主义新农村的重要保障。各地要从实施城乡统筹、落实基本公共服务均等化的战略高度，总结经验，剖析不足，采取有力措施，进一步加强组织领导，进一步夯实工作基础，下大力气改变城乡消防失衡和农村消防工作滞后于农村经济社会发展的局面，努力减少农村火灾和亡人总量。

一是进一步强化农村消防工作责任制落实。要把农村消防工作与社会主义新农村建设、农村社区建设、农村社会治安综合治理同部署，同落实，同检查考评。2010年底前，所有乡镇要建立农村消防管理组织，经济发达地区的乡镇、中心镇要成立消防工作专门机构并明确消防专管员，其他地区乡镇要依托综治办、安监办等机构明确消防监管组织；2011年，各行政村要依法明确消防安全管理人，制定防火公约，建立联防制度，开展日常工作。各地综治、公安、发展改革、民政、财政、建设、农业等部门要充分发挥职能，形成工作合力。

二是进一步加强农村公共消防基础设施和多种形式消防队伍建设。农村公路、人畜饮水等农村公共基础设施建设应统筹考虑消防通道、消防水源等公共消防设施的建设需要。2011年，尚未编制消防专项规划或总体规划中缺乏消防专篇内容的建制镇应完成编制任务，不合理的要及时修编，成片改造或新规划建设的新农村应按照国家标准要求同步规划建设消防车道、消火栓等消防基础设施；2013年，设有集中生活供水的乡镇和村庄应完成消火栓等消防水源建设，每个行政村要至少设置一处公共消防器材配置点，配齐消防机动泵、水枪、水带、灭火器等灭火器材。要进一步加大农村多种形式消防队伍建设力度，到2012年底前，所有乡镇、村庄要建成专（兼）职、志愿消防队，配备相应器材装备。各级政府要建立和完善农村消防工作经费保障机制，确保农村公共消防基础设施等经费投入。

三是进一步深化农村地区火灾隐患整治工作。要继续将农村火灾隐患整治纳入村庄整治、改造等范围，推进易燃连片村寨防火改造工作，加强对"三合一"场所、出租屋、小旅店、小作坊以及"农家乐"等场所的火灾隐患专项整治，对区域性火灾隐患严重的乡镇要实行政府挂牌督办制度。公安、建设等部门要加强对乡镇开发园区等农村新建、搬迁工业项目和大中型公共建设工程项目的消防安全审批，防止将火灾事故风险转移到农村乡镇。强化农村农作物秸秆禁烧力度，推动秸秆资源综合利用。实施新一轮农村电网改造升级工程，更换老旧线路和设备，消除电气火灾隐患，为农村居民提供安全可靠的用电保障。

四是进一步加强农村消防安全宣传培训工作。要进一步深化消防宣传"进农村"工作，巩固消防宣传阵地，探索具有农村特色和针对农村弱势群体的消防宣传教育手段，充分发挥消防志愿者宣传作用，大力提高农村群众的消防安全意识。各地农业、民政、公安消防等部门要认真贯彻落实《社会消防安全培训规定》，从 2011 到 2012 年，重点组织开展负责消防管理的乡镇长、村"两委"负责人消防安全大培训，着力培养农村消防工作"带头人"。

同时，推动各地将消防安全知识纳入农村劳动力转移培训内容，提高农村转移劳动力的消防安全意识和自防自救能力。

中央社会治安综合治理委员会办公室　公安部
国家发展和改革委员会　民政部　财政部
住房和城乡建设部　农业部（印章）
二〇一〇年八月十八日

典型农村消防工作实例

结合实际　夯实基础
全面提高卫星镇火灾防控水平

黑龙江省绥化市望奎县卫星镇政府

卫星镇地处黑龙江省中部，面积 187 平方公里，下辖 7 个行政村、48 个自然屯，人口 4.1 万，其中农业人口 3.7 万。历史上，该镇曾是全市火灾的"重灾区"，多次发生连营大火，消防工作不利因素较多，农村居民房屋很多都是泥草房，冬季漫长，生活用火用电频繁，发生火灾几率较高；每年秋收后，农民要储存大量秸秆以满足取暖、做饭需要，房前屋后堆积如山，每年春季五级以上大风天气超过 20 天，极易使火灾迅速蔓延，造成连营火灾；粮食储存点、加工点较多，设备简陋，员工素质不高，常因违章操作引发火灾；公安消防队距村屯较远，无法及时扑救初起火灾。为此，该镇结合实际，加强消防安全基础建设，强力推进构筑社会消防安全"防火墙"工程，将社会单位消防安全"四个能力"建设延伸到了农村，消防工作发生了日新月异的变化。其主要做法是：

一、夯实组织基础，提高排查整治火灾隐患能力

（一）完善组织机构，落实管理责任。镇政府成立了以镇长为组长的消防安全委员会，统筹领导全镇消防工作；7 个行政村全部设立了消防工作室，村委会主任任负责人，驻村民警负责日常消防监督工作；48 个自然屯全部建立了消防工作组，有 1 名治安联防员负责日常消防管理。镇实行了"乡镇领导包村屯、村屯干部包小组、联防队员包农户"的责任机制，哪个环节出现问题，就追究哪级人员的责任。村委会与村民小组、村民小组与农村家庭、社会单位与员工分别签订《消防安全责任书》，违反规定的一律依据责任书予以经济处罚，并在村务公开栏、单位宣传板进行公示，确保了消防工作的层层落实。

（二）开展"七户联防"，实行群防群治。坚持依靠群众，广泛推行"七户联防"机制，将村民、社区居民每七户编为一个小组，每天一户负责本组防火巡查，并订立防火公约，发生火灾，当日巡查户负责赔偿起火家庭50%的损失，其余损失由各户均摊，通过责任连带、风险共担，有效调动了群众参与消防工作积极性，目前，全镇已建立"七户联防"组1376个。在每个村屯确定了5名妇女督导队员、5名摩托车巡逻队员、20名志愿消防队员，协助包片民警、治安联防员开展防火检查。凡五级以上大风天，全镇鸣放警报，升挂禁火旗，社会单位一律禁火限电，治安联防员、妇女督导队、摩托车巡逻队全部出动，开展不间断的防火巡查。

（三）实施综合治理，消除火灾隐患。实行"五不准"，狠抓农村秸秆治理，全镇规划了97个秸秆集中堆放区，规定每户储存秸秆不准超过50捆，秸秆不准进村堆放，不准在村屯200米内堆放，不准在架空线下堆放，不准在公路30米内堆放，目前，全镇90%以上的秸秆已集中存放。同时，县里引进了年消耗秸秆50万吨的生物发电项目，大幅降低了秸秆储量。将公安机关"天眼"工程延伸到村屯，在秸秆集中堆放区设置了摄像头，由派出所集中监控，有效预防了放火犯罪。狠抓粮食储存加工企业的治理，按照市政府要求，实行"四不批一关停"：消防安全不合格的企业，镇政府不批用地，工商局不予注册，银行不放贷款，粮食局不批收粮许可证，公安消防大队依法责令停业。目前，全镇10家粮食储存、加工企业已全部达到消防安全"四个能力"建设标准。

二、夯实队伍基础，提高组织扑救初起火灾能力

（一）村村建队，灭火力量全覆盖。镇政府建立了一支专职消防队，负责全镇灭火救援工作。55个村屯全部建立了志愿消防队，达到了"六有"标准，即：有固定队舍、有1台四轮运水车、有1台机动消防泵、有20名志愿消防队员、有统一的通信方式、有一定的出勤经济补助。41个机关、企业单位全部建立了志愿消防队，全镇做到了每个单位、每个村屯都有一支志愿消防队伍，形成了覆盖全镇的灭火救援网络。

（二）规范管理，提高队伍战斗力。制定了专职、志愿消防队伍管理标准，在队列、着装、体能、训练、执勤等方面做出严格规定。专职消防队员、志愿消防队长60%由转业复员军人担任，实行准军事化管理。坚持业务培训，全镇1267名专职、志愿消防队员全部通过了岗前考核。每年组织1次消防技能竞赛，对团体和个人前3名由镇政府实施奖励，对考核排名末尾的消防队员，要扣发半年消防出勤补助。

（三）完善程序，确保火灾打早打小。实行火灾扑救三级响应机制，一旦发生火灾，以起火村屯、社会单位志愿消防队为一级响应，周边村屯、社会单位志愿消防队为二级响应，镇政府专职消防队为三级响应。各级响应同时启动，视火情大小，由火场指挥决定增减扑救力量。近年来，全镇27起火警均由志愿消防队在第一时间扑灭，实现了"小火不出村、大火不出镇"。

三、夯实宣传基础，提高群众自防自救能力

（一）建立宣传阵地，提高全民消防意识。在镇政府建立了消防活动室，每月召开1次消防知识宣讲会。在各村屯、社会单位实施了"四个一"工程，做到每个村屯、社会单位有1间消防宣传室、1处消防知识画廊、1块防火宣传牌、1名消防宣传员。在家庭普及消防"四有"：每家有1份防火公约、1本防火常识手册、1幅消防宣传画、1个七户联防证。

（二）针对地域特点，贴近实际开展宣传。春季火灾多发，每年春季，镇政府将省政府《春季防火命令》逐一张贴到村屯、单位的入口，动员全民防火。在大风天，组织摩托车巡逻队走街串巷开展禁火宣传，挨家挨户讲解防火常识，有效预防了大风天火灾发生。编制了防火"三字经"，作为中小学校教学内容。创作了一系列消防文艺节目，利用"二人转"等形式宣讲防火常识，使群众对消防知识真正做到了"听得懂、学得进、会运用"。

四、夯实保障基础，提高消防工作可持续发展能力

（一）坚持多措并举，落实消防工作经费保障。镇政府将公共消防设施建设经费、政府专职消防队车辆养护费、专职消防队员每人每月800元工资和"三险一金"等，列入财政预算保障。各村屯志愿消防队每人每年500元补助、每台四轮运水车每年800元的养护资金、每出警一次每车100元的车辆补助，70%由镇政府承担，30%由村委会解决。对企业、群众无偿参与消防工作的，在组织生产经营、参加技术培训时，由镇政府给予一定的政策优惠。

（二）结合新农村建设，夯实消防设施建设基础。将消防建设与村容村貌改造统筹考虑、同步实施。我们对泥草房改造的农户，给予每平方米200元的补助，目前，全镇三级以上耐火建筑提高到了总数的87%。结合农村抗旱工程，建设了56处消防车加水点。结合农村电网改造，更换老化电线1375公里，预防了电气火灾的发生。新建通村公路1075公里，所有村屯全部满足了消防车通行要求。

（三）坚持工作考评，形成消防工作常态管理。将农村消防工作纳入社会治安综合治理、文明村屯考评等内容，实行"多线制约"。将消防工作列入村委会全年工作考评内容，年初立状，年底考评，奖优罚劣。镇政府每年对各村屯消防工作实行考评打分，对评比排名前三位的，给予村委会主任各1000元物质奖励；对连续两年排名在末位的，免去村领导职务，形成了消防工作你追我赶的良好局面。

政府引导　群防群治
构筑"三位一体"的农村火灾防治工作体系

广西壮族自治区龙胜各族自治县和平乡政府

　　龙胜各族自治县和平乡是一个国家级生态示范乡，全乡总面积237.2平方公里，共有农户3711户、15524人口，房屋98%以上为木质结构的吊脚楼，大多数位于高山、半高山。当地侗、苗等民族有依山建房、沿坡群居的习俗，大村小寨相对集中，50户以上的村寨有17个，100户以上的村寨有3个，这些村寨家家相连，布局密集，给和平乡的火灾防范和灭火工作带来了很大困难，频频发生"火烧连营"的重特大火灾。近几年来，和平乡结合实际，在落实责任、基础设施、宣传教育三个层面上狠下工夫，着力构筑"三位一体"的农村火灾防治工作体系，取得了一定成效。主要做法是：

　　（一）建立"三个机制"，着力构筑农村火灾防治工作责任体系

　　一是落实"一把手"负责制。和平乡始终把做好农村消防工作作为维护群众切身利益的大事来抓，成立了以乡长为组长、乡直各有关单位负责人和各村民委主任为主要成员的农村消防安全工作领导小组，并制定了《和平乡农村消防安全规定》，书记、乡长负总责狠抓落实，把措施落实到位，把责任具体落实到个人。二是实行一票否决制。乡政府每年与各村主要领导签订《消防安全责任状》，把农村防火工作纳入各村年终工作考核内容，将农村消防工作纳入任期责任目标，发生重特大火灾事故的，实行一票否决制。三是推行包保责任制。采取乡党政领导分片包办、督办、派干部驻村指导等办法，做到了目标明确、责任到位。要求各村也成立了农村消防领导小组，制定了切实可行的实施方案，为本乡农村消防安全提供了坚实的基础。

　　（二）实施"五改"工程，着力构筑农村火灾防治工作防控体系

　　实施"五改"工程。"寨改"：充分依托地方旅游经济发展，科学合理规划、严格控制审批新建寨楼，对不符和防火要求的农家饭店进行拆除，设置防火隔离带，并妥善处理拆迁、安置补偿。"水改"：结合人畜引水工程，将水引入村寨，设置高位消防水池并实行专人管理，配置了手抬消防机动泵、水带、水枪等消防设施器材。平安村建立了80立方米的高位消防储水池1个，并沿主要通道设置了15具室外消火栓，配置了消防水带、水枪，每户每层木楼配置2具手提式ABC型干粉灭火器，增强了全村扑救初起火灾的能力。

"电改"：结合农网改造，完成了108户的室外电气线路的改造，并对室内78户电气线路进行了改造。"灶改"：对所有在楼板上烧柴的炉灶，在炉灶堂周围用水泥、沙浆等不燃材料进行了硬化处理。"房改"：在新建住房中，引导和动员村民用砖、石、瓦代替木材，对现有房屋的重点部位，如厨房、木皮屋顶进行不燃化改造。通过"五改"工程，有效地改善了村寨消防基础设施，增强了防控火灾的能力。

（三）推行"三个结合"，着力构筑农村火灾防治工作宣传教育体系

一是工作部署与消防宣传相结合。全乡每年定期或不定期召开农村消防安全工作会议，传达区、市、县的有关农村消防工作精神，通报近期各地重特大火灾事故，时时警醒，时刻蹦紧安全这根弦。二是重大活动与消防宣传相结合。乡政府充分利用民间传统节日聚会及每年"119"消防宣传日等重大活动，组织各包村工作队员深入农村开展消防知识咨询，发放消防宣传资料，开展大张旗鼓的宣传活动，以座谈会或通告的形式宣传消防安全精神，提高村民的消防意识，改变群众的思想观念。三是隐患排查与消防宣传相结合。和平乡不定期地对农村火灾隐患进行排查，实行消防安全排查报告制度，包村工作组每月要向乡主要领导汇报一次。在隐患排查的同时对村民进行宣传教育，引导村民移风易俗、革除陋习。通过各种渠道加强消防宣传教育工作，大大提高了人们的消防意识。

加强乡镇消防安全工作站建设
大力推进社会主义新农村消防安全工作

浙江省湖州市人民政府

近年来，针对乡镇农村地区消防安全工作这一难点，湖州市依托乡镇公共安全监督管理中心，组建成立了乡镇消防安全工作站，加强了对乡镇农村地区消防安全的监管，弥补了以往基层消防安全监管的"盲区"和"漏点"，使消防安全工作在乡镇农村地区有了"落脚点"，极大地推动了消防工作网络的健全，有效地推进了全市消防工作的深化和延伸。

一、基本做法

近年来，随着经济社会的快速发展和社会主义新农村建设的不断推进，乡镇消防安全管理工作的实际需要和基层乡镇政府机构设置不配套的问题更加突出。湖州市依托乡镇公共安全监督管理中心开展乡镇消防安全工作站的建设，并取得了初步的成效。其主要做法是：

（一）合理规划，建好机构

2007 年和 2008 年，湖州市政府相继下发了《关于加强市区乡镇公共安全监管机构建设的实施意见》和《湖州市人民政府办公室关于加快推进乡镇（街道）公共安全监督管理机构建设的指导意见》（湖政办函〔2008〕30号），明确了乡镇公共安全监督管理中心"一中心六站"的组织构架，中心主任由乡镇分管领导兼任，设 1 至 2 名专职副主任。在安全生产、消防安全、交通安全、食品药品安全、环境保护、消费维权等 6 个监督管理工作站中，消防工作站为必建站。截至目前，全市 68 个乡镇（街道）的消防工作站均挂牌成立，落实工作人员 204 名，其中行政、事业编制人员占总人数的 40% 以上，确保了队伍的稳定性。乡镇消防安全工作站的人员来源主要在乡镇（街道）的行政或事业干部中内部调剂，不足部分经汇总后统一标准由乡镇（街道）负责招聘。同时，各乡镇还在行政村（居委会）聘用信息监督员一名，实行多员合一，由村干部兼任。

（二）找准定位，明确职能

按照消防安全工作站在乡镇消防工作中"党委政府领导、管理服务主力、宣传指导骨干、消防部门助手"的定位，消防安全工作站的职能为：一是掌握本地区企事业单位的基本情况和消防安全状况，积极为党委、政府抓消防工作提供意见、建议和决策依据；二是对本地区的机关、团体、企业、事业单位进行消防安全检查，及时纠正各类消防违法行为，督促整改各类火灾隐患；三是检查指导社区、居委会、村委会履行消防安全职责情况；四是指导社会主义新农村消防工作建设；五是组织开展消防宣传教育和培训活动；六是组织对城镇公共基础消防设施进行登记、检查、保养，确保完好有效；七是抓好多种形式消防队伍的建设与管理工作；八是加强与公安消防部门、派出所的联系，协助开展消防监督管理工作。

（三）规范运作，加强指导

一是研发信息系统，创建工作平台。市政府在总结吴兴、南浔两区试点工作经验得失的基础上，为了进一步强化乡镇消防安全工作站工作的运行，在市政府经费极度紧张的情况下，投入300万元巨资研发了含乡镇消防安全管理在内的公共安全管理系统，作为乡镇消防安全工作站的工作平台，有力地推动了乡镇消防安全工作站的工作开展。该系统具备网上受理群众投诉、录入发现的火灾隐患及整改情况、发布社会公告等功能，即方便了工作站日常管理，又为消防部门实时监控基层火灾隐患创造了条件。二是明确职责任务，强化内部管理。市政府及时制定并下发了《市区乡镇公共安全监管中心管理及运作规则》，强化乡镇消防安全工作站内部管理，实行工作人员集中办公，与安监、工商等工作站资源共享；各工作站人员各司其职，分工负责，合力推进各项工作的开展，真正做到分散和集中相结合，有分有合的工作格局；定期召开工作例会，工作站根据工作形势定期开展总结交流，研究解决工作中存在的问题，定期向上级主管部门报告，自觉接受社会各界监督。三是加强指导督促，提高业务能力。消防部门加强了对乡镇消防工作站监管人员的业务和法律法规知识培训，使所有的乡镇公共安全监管人员都经过专门培训，做到持证上岗。

（四）落实责任，强化考核

各乡镇消防安全工作站按照"谁主管，谁负责"的原则，由乡镇政府分管消防工作的领导承担领导和管理职责，乡镇公共安全监管中心主任、专职副主任负责协调、督促消防工作的开展。建立了乡镇"一中心六站"工作目标责任制和公共安全监管人员工作绩效考评机制，对工作表现突出、成绩显著的乡镇予以奖励，对在公共安全监管工作中有失职、渎职和玩忽职守行为的，一律按有关规定追究责任。特别是对于在全市创造工作经验、形成工作特色的中心，每年按照市区乡镇总数的20%比例评定先进集体并给予表彰奖励，同时，每年评定一定比例的先进个人并予以表彰，做到奖勤罚懒，形成激励机制。

二、取得的成效

通过近两年的建设和不断完善，全市乡镇消防安全监督管理站建设实现了如下目标与成效：

（一）"政府统一领导"的消防工作格局得到了健全完善

乡镇消防安全工作站的建立，理清了以往基层乡镇政府在消防工作管理上职责不清、权限不明的状况，改变了乡镇消防安全管理工作几乎完全依赖于消防部门和基层派出所的局面，明确了基层乡镇政府在基层消防工作中的领导职责，进一步完善了消防工作格局，极大地充实了各乡镇消防安全管理力量，实现了各乡镇与消防部门的沟通联系，确保了基层消防工作动态与所在乡镇消防工作开展过程中遇到的难点问题能及时得到"上传下达"，有力推动了基层乡镇消防管理工作。

（二）社会化的消防工作网络得到了全面覆盖

依托公共消防安全工作站，乡镇政府实现了与消防部门和基层派出所在乡镇消防安全管理人力、物力及信息资源上的有机结合，实现了消防工作重心下移、关口前移、统一领导、明确职责、集中管理，消防管理工作的触角真正延伸到了基层一线，真正做到有人办事、有钱办事、规范监管，为一方平安承担起责任。通过乡镇消防安全工作站，广大乡镇地区的火灾隐患排查整治、新农村建设消防工作等方面得到了稳步推进，有力地消除了火灾隐患，降低了乡镇火灾风险，提高了乡镇防控火灾的能力。同时，公共安全管理系统的创建，为乡镇消防工作提供了一个火灾隐患信息收集和发布的有力平台。

（三）消防宣传前沿阵地得到了有效拓展

乡镇消防安全工作站的建立意味着消防宣传在乡镇农村有了"根据地"。支队充分发挥乡镇消防工作站贴近人民群众这一优势，创新消防宣传模式，通过这个平台大力开展了新《消防法》及其配套制度的宣贯、消防常识的普及、消防知识的培训等工作。据统计，湖州市乡镇消防安全工作站共开展了1万余次的各类消防宣传活动，使消防宣传阵地从城市向农村大力推进，切实提高乡镇居民消防安全意识和自防自救能力。

农村消防安全工作制度

一、乡（镇）人民政府消防工作职责

（一）执行消防法律、法规，组织建立并督促落实消防安全责任制，定期组织监督检查。

（二）组织编制和实施消防规划，采取措施加强公共消防设施建设，保障必要的消防工作经费。

（三）组织消防安全检查，督促整改火灾隐患。

（四）开展消防安全宣传教育，提高群众消防安全意识。

（五）根据当地经济发展和消防工作需要建立多种形式消防组织，增强火灾预防、扑救和应急救援能力。

（六）辖区内发生火灾事故时，参与做好组织协调、灭火救援以及善后和事故处理工作。

（七）履行法律、法规规定的其他消防安全管理职责。

（八）指导、支持和帮助村民委员会开展群众性的消防工作。

二、村民委员会消防工作职责

（一）制定村民防火公约，健全消防安全制度，开展消防安全和家庭防火知识宣传教育。

（二）进行消防安全检查，督促纠正消防违法行为，对拒不纠正的，及时报公安派出所依法查处。

（三）落实对老、弱、病、残等弱势群体的登记、走访制度，加强消防安全教育，健全监护措施。

（四）保障公共消防设施和消防安全标志、疏散通道、安全出口等设施符合消防安全要求。

（五）发生火灾时，及时报警，组织疏散人员，组织群众或者义务消防组织扑救火灾。

三、防火安全领导小组职责

（一）在村党支部、村委会的领导下，按照"谁主管，谁负责"的原则，负责本村的防火安全工作。

（二）贯彻执行消防法律、法规和上级有关防火安全规定，编制实施村消防规划，制定消防工作计划，定期召开安全会议。

（三）制定本村消防工作职责、制度。

（四）负责本村防火安全宣传教育和培训工作，增强群众防火安全意识。

（五）负责组织落实村办企业、个体工商户的各项防范措施，定期开展防火安全检查，督促整改火灾隐患。

（六）负责本村消防基础设施建设，一旦发生火灾，积极组织扑救，并协助公安消防机构调查火灾事故原因。

（七）按照防火公约的内容，负责实施对违反防火安全管理行为或对火灾事故肇事者及有关责任人进行处理。

（八）建立和完善本村防火档案。

（九）麦收、秋收、重大节假日、庙会等各种集会期间，加强消防检查，制定消防安全方案，并组织演练。

（十）完成上级交办的其他消防工作任务。

四、村民防火公约

（一）为加强村民住宅的防火安全管理，预防和减少火灾，保护公共财产和村民生命财产安全，根据国家有关法律、法规，结合实际情况，制定防火公约。

（二）自觉遵守消防法律、法规，自觉接受相关部门的消防监督管理，自觉学习防火、灭火常识，不断增强消防安全意识和消防法制观念，做好防火安全工作。

（三）积极参与消防活动，履行公民消防安全职责，大力维护公共消防安全。

（四）养成良好的消防安全习惯，安全使用液化气、煤气等燃气、燃料。

（五）教育小孩不要玩火，在公共场所不随意焚烧易燃、可燃物。

（六）不私自乱拉乱接电线，正确使用家用电器，不用铜丝代替保险丝，不超负荷用电。

（七）自觉爱护公共消防设施，不埋压、圈占消火栓，不损坏消防器材。

（八）发现火情，及时报警，积极扑救。

五、防火安全工作领导小组工作例会制度

（一）防火安全工作领导小组每月召开例会一次，特殊情况可以随时召开。

（二）会议由领导小组长主持召开，全体成员参加，领导小组成员将各自负责工作向会议报告。

（三）会议的主要任务是通报火灾情况，部署消防安全检查，分析消防工作形势，研究制定消防工作措施，交流消防工作经验，安排消防工作计划。

（四）研究制定消防宣传、灭火、疏散逃生演练及整改火灾隐患等消防工作措施，安排组织学习消防法律、法规和防火、灭火知识，提高人员消防工作能力。

（五）会议确定一名记录人员，负责会议记录、统计上报以及与上级的联络工作。

六、防火安全检查制度

（一）防火安全领导小组每月组织一次防火安全检查，重大节日、重要活动和农业收获季节应增加检查次数。

（二）防火检查应填写检查记录，检查人员和被检查户主应在检查记录上签名。

（三）发现火灾隐患，检查人员应填发火灾隐患当场整改通知书或火灾隐患限期整改通知书，落实各项整改措施。

（四）防火安全检查的主要内容：

1. 火灾隐患的整改情况和防范措施的落实情况。

2. 安全疏散通道、消防车通道、消防水源情况。

3. 灭火器材配置情况。

4. 用火用电中有无违章操作等情况。

5. 重点部位监护情况。

6. 柴草等易燃物品堆放情况。

7. 村民执行防火安全规章制度情况。

8. 其他需要检查的内容。

（五）对村民举报的火灾隐患及时派人核查并采取措施加以排除，确保安全。

（六）防火安全领导小组定期将检查结果在全村公布。

七、火灾隐患举报制度

（一）村防火安全领导小组设立火灾隐患举报受理台，公布举报电话，及时受理群众举报，并做出相应处理。

（二）村民有发现安全隐患和火灾情况及时上报村防火安全领导小组的义务。

（三）发现火灾隐患及时上报的给予一定的物质奖励。

（四）举报人要求为其保密的，受理人与办理人应为举报人保密。

八、消防器材设施维护保养制度

（一）消防器材、设施要有专人负责管理保养。

（二）要定期抽查各单位的消防器材设备。

（三）灭火器材定期要进行检查、维修、保养保洁，确保状态良好。

（四）在搬运过程中，应轻拿轻放，防止撞击损坏。

（五）建立消防器材、设施管理台账。

（六）消防器材、设施严禁停用、挪用、圈占。

（七）严禁在消防器材周围存放易燃易爆化学危险品或堆放杂物。

（八）对故意损坏消防器材设备的，除赔偿损失外，按有关法规严肃处理。

九、消防车辆管理制度

（一）车库实行严格管理，禁止一切无关人员进出入车库。

（二）车库门前严禁停放车辆或堆放杂物，保证车道畅通，无障碍物。

（三）由专人负责车辆钥匙，确保车辆、器材安全，并保证听到出动信号后车辆及时驶出车库。

（四）由值班人员负责车库卫生，做到物品摆放有序，干净整洁，驾驶室内和操作系统卫生由驾驶员负责。

（五）车辆应及时补充油、水、电、气，保持良好状态，执勤车辆应每天早晚发动一次，检查出水、检查装置性能、操作自如有效。

（六）驾驶员要遵守车辆驾驶职责，爱护车辆、器材，做到完整好用，发现故障及时维修。

十、消防宣传教育和培训制度

（一）制定年度安全教育培训计划，采取多形式、多层次的教育培训，做到内容、人员、时间、效果四落实，提高村民消防安全意识。

（二）大型消防宣传和培训活动每季度组织一次，重点加强清明、"五一"、"十一"、"119活动日"、元旦、春节等重大节日的消防安全教育工作。

（三）农业收获和春冬季防火重点季节，要开展针对性消防宣传教育。

（四）村中醒目位置应设置固定消防宣传图板、消防宣传栏和防火标志。

（五）组织印制消防宣传手册、村民防火公约、消防指示传单，并向村民发放。

十一、消防工作考评奖惩制度

（一）消防工作应纳入村党支部、村委会议事日程，纳入社会治安综合治理和创建文明村镇，及"文明户"的评选内容，与党政工作同安排、同部署、同总结、同评比、同奖惩，消防工作实行一票否决。

（二）每半年对消防工作进行一次全面考评，总结经验，查找不足，并拟定下一步工作计划。

（三）对完不成消防安全责任目标任务的单位或个人，不予推荐上报先进。

（四）在工作中不认真履行职责，工作失误导致火灾事故的，依法追究责任。

十二、重点人员监护制度

（一）为了防止火灾事故的发生，要严格加强对老弱病残、小孩、精神病患者、醉酒人等四种重点人员的监护和管理。

（二）村民对自家的重点人员要严加监护和管理，并采取一定防范措施，防止引发火灾事故。

（三）村民发现重点人员违规违章行为要及时制止，并向其监护人和村防火委员会报告。

（四）村民对自家的重点人员监护管理不力，引发火灾事故的，将按有关规定进行处理。

相关表格

_____村消防安全日常巡查记录

（参考式样）

时间	部位	巡查内容					患通知书文号	检查人
		消防设施	消防通道	宣传标牌	特护人员	其他		

巡查内容主要包括：

1. 消火栓、灭火器等公共消防设施器材是否完好有效，有无损坏、失效、遮挡、埋压、圈占等；

2. 疏散通道、安全出口、消防车通道是否畅通；

3. 消防安全标志、宣传标语、标牌是否完好；

4. 老幼病残等弱势群体是否登记造册，具体救助措施是否落实；

5. 其他：违规堆放秸秆、燃放鞭炮、使用明火的其他消防安全情况。

防火检查记录（参考式样）

检查时间		检查人员	
检查部位			
检查内容			
发现火灾 隐患情况			
处理措施			
检查时间		检查人员	
检查部位			
检查内容			
发现火灾 隐患情况			
处理措施			
检查时间		检查人员	
检查部位			
检查内容			
发现火灾 隐患情况			
处理措施			

_____村火灾隐患整改通知书

（参考式样）

年　　月　　日　　　　　　　　　　　　火改（　　）号

隐患内容：

整改意见：

检查人		责任人	

消防设施、灭火器材登记表

（参考式样）

消防设施、灭火器材名称	购置时间	数量	性能	维护管理人	备注
消防机动泵					
水枪					
消防水带					
室内消火栓					
拉钩					
消防斧					
消防桶					
室外消火栓					
消防用水					
修建时间	蓄水量	完好情况	维护管理人	备注	
消防水池					
消防取水平台					

消防安全培训、演练记录表

（参考式样）

项目	时间	地点	内容	参加人员	组织人
消防安全培训					
消防演练					

火灾情况记录（参考式样）

起火时间	起火部位	起火原因	死人	伤人	直接经济损失（万元)	处理情况

消防奖惩情况记录（参考式样）

单位（个人）	何时何处	何原因受何奖惩	实施奖惩单位	奖惩方式